技能型人才培养实用教材
高等职业院校土木工程“十三五”规划教材

工程测量实训手册

主　编 ◎ 邓鑫洁　唐开荣
副主编 ◎ 秦万英　毛远芳　魏世玉

西南交通大学出版社
·成　都·

图书在版编目（C I P）数据

工程测量实训手册 / 邓鑫洁，唐开荣主编. —成都：西南交通大学出版社，2019.8（2022.7 重印）
技能型人才培养实用教材 高等职业院校土木工程“十三五”规划教材
ISBN 978-7-5643-7128-9

Ⅰ. ①工… Ⅱ. ①邓… ②唐… Ⅲ. ①工程测量 – 高等职业教育 – 教学参考资料 Ⅳ. ①TB22

中国版本图书馆 CIP 数据核字（2019）第 186981 号

技能型人才培养实用教材
高等职业院校土木工程“十三五”规划教材

Gongcheng Celiang Shixun Shouce
工程测量实训手册

主编 邓鑫洁 唐开荣

责任编辑 姜锡伟
助理编辑 王同晓
封面设计 何东琳设计工作室

出版发行 西南交通大学出版社
（四川省成都市金牛区二环路北一段 111 号
西南交通大学创新大厦 21 楼）
邮政编码 610031
发行部电话 028-87600564 028-87600533
网址 http://www.xnjdcbs.com
印刷 四川煤田地质制图印刷厂

成品尺寸 185 mm × 260 mm
印张 8.25
字数 217 千
版次 2019 年 8 月第 1 版
印次 2022 年 7 月第 2 次
书号 ISBN 978-7-5643-7128-9
定价 24.00 元

课件咨询电话：028-87600533
图书如有印装质量问题 本社负责退换

前　言

工程测量是一门实践性很强的专业基础课，其教学目的在于培养学生具备测绘科学的基础理论知识和基本测绘技能，使学生在工程勘测、规划、施工、管理等各阶段均具备正确使用测绘信息及技能的能力，同时也为学习后续有关课程打下基础。

为更好地掌握测绘基础理论知识，训练动手操作的能力，在工程测量课程教授过程中及完成理论学习后，须进行大量的测量教学实践。本书是工程测量课程的配套教材，其目的是使学生在学习测量基本理论知识的基础上，加强对测绘基本技能的掌握，提升学生适应相应岗位的能力。

本书分为四个部分：第一部分为工程测量课内实习项目，包含了工程类专业常用的 14 个课内测量实训项目；第二部分为工程测量综合实训，包含了 8 个实训项目，介绍了实训组织计划、实训内容、实训指导、要求等；第三部分为工程测量习题；第四部分为习题参考答案。学生通过课内实习可进一步理解知识点，通过综合实训能系统化掌握所学测绘技术，同时培养认真、负责、实事求是、团队协作的工作态度和良好作风，提高学生的综合素质。学生通过工程测量习题及答案能加强对工程测量理论知识体系的理解，可作为教学的辅导资料或备考测量员的参考资料。

本书可供高等院校土木类、市政类专业工程测量课程教学使用，也可供市政类、土木类和测绘类专业技术人员学习和参考。

本书由重庆建筑工程职业学院邓鑫洁、唐开荣主编，重庆建筑工程职业学院秦万英、广州市建筑工程职业学校毛远芳、重庆地质矿产研究院魏世玉、重庆市璧山区规划和自然资源局周二众参编。高等职业技术教育以培养应用型人才为目标，编者在测量实验与实训项目的选择中力求易学、实用。本书也可供工程技术人员参考。

由于编者能力有限，本教材可能存在不足，恳请使用本教材的师生和读者批评指正。

编　者

2019 年 3 月

目　录

第一部分　工程测量课内实习项目

第二部分　工程测量综合实训项目

第三部分　工程测量习题

第四部分　习题参考答案

测量实习须知

1. 实验与实习的目的及有关规定

（1）测量实习的目的：验证、巩固在课堂上所学的知识；熟悉测量仪器的使用方法；培养进行测量工作的基本技能，做到理论与实践紧密结合。

（2）在实习之前，必须学习教材中的有关内容，并认真仔细地预习实习指导书，明确实训项目的要求、方法步骤及注意事项，以保证按时完成实习任务。

（3）实习分小组进行，组长负责组织协调工作，办理所用仪器工具的借领和归还手续。每人都必须认真、仔细地操作，培养独立工作能力和严谨的科学态度，同时要发扬互相协作精神。

（4）实习应在规定的时间和地点进行，不得无故缺席或迟到早退，不得擅自改变地点或离开现场。

（5）在实习过程中或结束时，发现仪器工具有遗失、损坏情况，应立即报告指导教师，同时要查明原因，根据情节轻重，应予以适当赔偿和其他处理。

（6）实验或实习结束时，应提交书写工整、规范的实习报告和实习记录，作为评价实习成绩的依据。

2. 使用仪器、工具的注意事项

（1）以小组为单位到指定地点领取仪器、工具，领借时应携带身份证或学生证。领借时应当场对仪器、工具进行清点检查，如有缺损，可以报告实验管理员给予补领或更换。

（2）携带仪器时，注意检查仪器箱是否扣紧、锁好，拉手和背带是否牢固，并注意轻拿轻放。开箱时，应将仪器箱放置平衡。开箱后，记清仪器在箱内安放的位置，以便用后按原样放回。提取仪器时，应用双手握住支架或基座轻轻取出，放在三脚架上，保持一手握住仪器，一手拧连接螺旋，使仪器与三脚架牢固连接。仪器取出后，应关好仪器箱，严禁在箱上坐人。

（3）不可置仪器于一旁而无人看管。

（4）各制动螺旋勿拧过紧，以免损伤，各微动螺旋勿转至尽头，防止失灵。

（5）近距离搬站，应放松制动螺旋，一手握住三脚架放在肋下，一手托住仪器，放置胸前稳步行走。不准将仪器斜扛肩上，以免碰伤仪器。若距离较远，必须装箱搬站。

（6）仪器装箱时，应松开各制动螺旋，按原样放回后先试关一次，确认放妥后，再拧紧各制动螺旋，以免仪器在箱内晃动，最后关箱上锁。

（7）水准尺、标杆不准用作担抬工作，以防弯曲变形或折断。

（8）使用钢尺时，应防止扭曲、打结或折断，防止行人踩踏或车辆碾压，尽量避免尺身着水。携尺前进时，应将尺身提起，不得沿地面拖行，以防损坏刻划。用完钢尺，应擦净、涂油，以防生锈。

（9）雨天观测时应撑伞，严防仪器雨淋。

3. 记录与计算规则

（1）实验所得各项数据的记录和计算表，必须按记录格式用铅笔认真填写。字迹应清楚端正，并依据观测据实记录。不准先记在草稿纸上，然后转抄记录表中，以防听错、记错。

（2）记录错误时，不准用橡皮擦去，不准在原数字上涂改，应将错误的数字划去并把正确的数字记在原数字上方。记录数据修改后或观测成果废去后，都应在备注栏内注明原因（如测错、记错或超限等）。

（3）禁止连续更改数字，例如：水准测量中的黑、红面读数；角度测量的盘左，盘右读数；距离丈量中的往测与返测结果等，均不能同时更改，否则，必须重测。

（4）数据运算应根据所取位数，按“四舍六入、五前单进、双舍”的规则进行数字凑整。

4. 实习成绩评定与实习报告的保存

（1）各实习项目的实习成绩由学生在实习过程中的实习态度情况、实习完成情况、实习报告情况、实习抽查情况、团队协作情况等方面综合评定。实习成绩由各子项目的实习成绩汇总得到，实习成绩按不小于40%的比例计入期末总成绩。

（2）实习报告是评定实习成绩的重要依据，请妥善保存，若丢失或损坏将影响实习成绩的评定，甚至以零分计。

第一部分

工程测量课内实习项目

实习项目 1　水准仪的认识、使用与 i 角误差检查

（实习时间：4 课时）

教学方法：演示—分组练习—教师辅导—评价—应用

1. 实习目的和要求

（1）了解自动安平水准仪的基本构造，认清其主要部件的名称及作用；
（2）练习水准仪的安置、瞄准与读数；
（3）测定地面两点间高差；
（4）检查仪器的 i 角误差。

2. 实习仪器和工具

自动安平水准仪 1 台、脚架和水准尺各 1 副、铅笔、计算器、记录板等。

3. 实习内容和步骤

1）安置仪器

将脚架张开，使其高度适当，架头大致水平，并将脚架尖踩入土中。再开箱取出仪器，将其固连在三脚架上。注意各固定螺旋和连接螺旋适当拧紧。

2）认识仪器

指出自动安平水准仪各部件的名称，了解其作用并熟悉其使用方法，同时弄清水准尺的分划与注记。

3）粗略整平

选用双手同时向内（或向外）转动一对脚螺旋，使圆水准气泡移动到中间，再转动另一只脚螺旋使气泡居中，通常需反复进行。注意气泡移动的方向与左手拇指或右手食指运动的方向一致。

4）瞄准水准尺、精平读数

（1）瞄准。

竖立水准尺于某地面点上，松开水准仪制动螺旋，转动仪器，用准星和照门粗略瞄水准尺，固定制动螺旋，用微动螺旋使水准尺大致位于视场中央；转动目镜调焦螺旋，使十字丝分划清晰，再转动物镜调焦螺旋看清水准尺影像；转动水平微动螺旋，使十字丝纵丝靠近水准尺一侧，若存在视差，则应仔细进行物镜对光予以消除。

（2）读数。

用中丝在水准尺上读取 4 位读数，即米、分米、厘米及毫米位。读数时应先估出毫米位，然后按米，分米，厘米和毫米的顺序，一次读出 4 位数。

5）测定地面两点间的高差

（1）每个小组在地面选定 A、B 两个较坚固的点；

（2）在 A、B 两点之间安置水准仪，使仪器至 A、B 两点的距离大致相等，整平仪器读取后视读数和前视读数，计算两点间的高差；

（3）每个小组成员均需进行仪器安置、整平、瞄准、读数等操作，测出 A、B 两点的高差，须变动仪器高度进行两次测量，将测量数据记录在表 2 中，计算并比较两次实测高差，差值应不超过 6 mm，否则重新测量。

6）检查仪器 i 角误差

（1）每个小组在地面选定 A、B 两个较坚固的点，两点之间相距 60 ~ 80 m；

（2）在 A、B 两点之间安置水准仪，使仪器至 A、B 两点的距离大致相等，整平仪器读取后视读数 a_1 和前视读数 b_1，计算两点间的高差 h_{AB}；

（3）将仪器安置在距离 A 点 3 m 处，整平仪器再读取后视读数 a_2 和前视读数 b_2，计算两点间的高差 h'_{AB}；

（4）i 角误差的计算：$i=\dfrac{b_2-[a_2-(a_1-b_1)]}{D_{AB}}\rho$

其中　$\rho=206\ 265''$

　　D_{AB}——AB 两点间的距离；

　对于 DS3 水准仪，i 角值大于 20″时，需要校正。

4. 实习注意事项

（1）安置仪器时，应将仪器中心螺旋拧紧，但不能过度拧紧，以免破坏连接螺旋。

（2）仪器的各个螺旋要正确使用，要稳、轻、慢，切勿用力太大。

（3）水准尺应有人扶住，不能立在墙边或插入地下。

（4）各脚螺旋转到头，切勿继续再转，以防脱扣。

5. 实习成绩评定

实习成绩的评定，按照每个小组成员的实习态度情况、仪器操作情况、完成实习精度情况、实习报告填写规范情况、小组抽查情况五个方面评分。

表 1　学习成绩评定

姓名	实习态度	操作情况	精度情况	实习报告情况	抽查情况	合计

6. 实习报告

表 2　变动仪高法测定两点间高差

实习时间：　　天气：　　仪器号：

组别：　　姓名：　　学号：

测　点	后视读数/m	前视读数/m	高差/m	平均高差/m	备注
A—B	1.532	0.720	+0.812	+0.811	
A—B	1.310	0.500	+0.810		
—					
—					
—					
—					

表 3　检查仪器的 i 角误差大小

实习时间：　　天气：　　仪器号：

组别：　　姓名：　　学号：

测　点	仪器位置	后视读数	前视读数	高差/m	i 角误差
—	中间	a_1:	b_1:		
—	距 A 点 3 m	a_2:	b_2:		

7. 实习思考问题

（1）自动安平水准仪由哪些主要部分构成？各起什么作用？

（2）在望远镜瞄准目标时，为什么会产生视差？如果存在视差，如何消除？

（3）进行 i 角误差检查和校正时，仪器首先放在相距 80 m 的 A、B 两桩中间，用双仪器高法测的两点高差为 +0.204 m，然后将仪器移到 B 点附近，测得 A 尺读数为 1.695 m，B 尺读数为 1.466 m。请问根据检验结果，是否需要校正？若需校正，如何校正？

实习项目2　等外水准测量

（实习时间：3～4课时）

教学方法：任务介绍—分组实施—教师辅导—评价—应用

1. 实习目的和要求

（1）进一步熟悉水准仪的使用和水准尺的读数方法；

（2）练习等外水准测量的观测、记录、计算与检核的方法；

（3）实验小组每个成员都应参与观测、记录、扶尺、计算等过程；

（4）使用变动仪高法或双面尺法进行测站检核；

（5）高差闭合差的容许值为：$f_{h容}=\pm12\sqrt{n}$ mm 或 $f_{h容}=\pm40\sqrt{L}$ mm 。

2. 实习仪器和工具

自动安平水准仪1台、脚架和水准尺各1副、尺垫、铅笔、计算器、记录板等。

3. 实习内容和步骤

1）实习内容

完成指定线路的等外水准测量。

2）具体过程

（1）在地面选定 B、C、D、E、F 等若干个坚固点作为待定高程点，BMA 为已知高程点，其高程值由教师提供。安置仪器于点 A 和转点 TP1（或 B 点，放置尺垫）之间，目估前、后视距离大致相等，进行粗略整平和目镜对光。测站编号为1。

（2）后视 A 点上的水准尺，读后视读数，记入手簿。

（3）前视 TP1（或 B 点）上的水准尺，读取前视读数，记入手簿。

（4）升高（或降低）仪器10 cm以上，重复（2）与（3）步骤。

（5）计算高差：高差等于后视读数减前视读数。两次仪器高测得高差之差不大于6 mm时，取其平均值作为平均高差。

（6）迁至第2站继续观测。沿选定的路线，将仪器迁到 TP1（或 B 点）和点 B（或 C 点）的中间，仍用第一站施测的方法，后视 TP1，前视 *B* 点，依次连续设站，经过点 *C* 和点 *D* 连续观测，最后仍回至点 *A*。

（7）计算检核：后视读数之和减前视读数之和应等于高差之和，也等于平均高差之和的二倍。

4. 实习注意事项

（1）在每次读数之前，应消除视差，并使前、后视距离大致相等。

（2）在已知高程点和待定高程点上不能放置尺垫。转点用尺垫时，应将水准尺置于尺垫半圆球的顶点上。尺垫应踏入土中或置于坚固地面上，在观测过程中不得碰动仪器或尺垫，迁站时应保护前视尺垫不得移动。

（3）水准尺必须扶直，不得左右、前后倾斜。

（4）水准测量记录严禁转抄，应将数据直接记录在实习报告指定位置，不能用钢笔和圆珠笔记录，字迹要工整、清楚。

（5）水准读数记录格式要规范，可以以 m 或 mm 为单位，并且必须记录满 4 位数字，0 不能省略。高差只能以 m 为单位，必须注明正负号。

（6）各站观测时，立尺人员和观测人员要等记录人员将该站的数据记录计算完毕后才能迁站。在整个测量过程中，要注意转点的位置不能移动。

5. 实习成绩评定

实习成绩的评定，按照每个小组成员的实习态度情况、仪器操作情况、完成实习精度情况、实习报告填写规范情况、小组抽查情况五个方面评分。

表 4　实习成绩评定

姓名	实习态度	操作情况	精度情况	实习报告情况	抽查情况	合计

6. 实习报告

表 5　水准测量观测记录表

实习时间：　　　　　　　　天气：　　　　　　　　仪器号：

组别：　　　　　　　　　　姓名：　　　　　　　　学号：

测站	点号	后视读数	前视读数	高差	平均高差	高程	观测者	记录者
			————					
		————						
			————					
		————						

续表

测站	点号	后视读数	前视读数	高差	平均高差	高程	观测者	记录者
计算检核	$\sum a=$		$\sum b=$		$\sum h=$			
	$\sum h_{平均}=$		$H_{终}-H_{始}=$					

7. 实习思考问题

（1）水准测量时，将水准仪安置在前后视距大致相等处，是基于什么考虑？

（2）水准尺前后倾斜，对读数有什么影响？

（3）为什么要进行测站检核和计算检核？

（4）水准仪有哪些轴线，各轴线之间应该满足什么条件？如何进行检验和校正？

实习项目3　经纬仪的认识、使用与2*C*值检验

（实习时间：2～3课时）

教学方法：演示—分组练习—教师辅导—评价—应用

1. 实习目的和要求

（1）了解电子经纬仪的基本构造，认清其主要部件的名称及作用；
（2）练习经纬仪的安置、对中、调平、瞄准与读数；
（3）测定指定方向的盘左盘右读数；
（4）计算仪器的2*C*值大小。

2. 实习仪器和工具

电子经纬仪1台、脚架1副、支架对中杆1副、棱镜一个、铅笔、计算器、记录板等。

3. 实习内容和步骤

1）经纬仪的安置

（1）在地面打一木桩，桩顶钉一小钉，或埋设专门的控制点标记作为测站点。

（2）安置：松开三脚架，安置于测站上，使高度适当，架头大致水平。打开仪器箱，双手握住仪器支架，将仪器取出，置于架头上。一手紧握支架，一手拧紧连接螺旋；并使圆水准器位于观测者方便观察的位置，此过程中各固定螺旋和连接螺旋应适当拧紧。

（3）对中：观察光学对中器标记中心与地面标记的偏差，通过移动三脚架的两条架脚，使两者大致对齐，并注意架头水平，踩紧三脚架。

（4）粗平：选择两个方向的脚架腿，通过伸缩调整三脚架的高度，使圆气泡位于圆水准器中间。

（5）精平：松开水平制动螺旋，转动照准部，使水准管平行于任意一对脚螺旋的连线，两手同时内向（或向外）转动这两只脚螺旋，使气泡居中。将仪器绕竖轴转动90°，使水准管垂直于原来两脚螺旋的连线，转动第三只脚螺旋，使气泡居中，如此反复调试，直到仪器转到任何方向，气泡中心不偏离水准管零点一格为止。

（6）检查对中情况：若对中偏差未超过1 mm，对中调平工作结束；否则，稍微松开架头的

连接螺旋，两手扶住基座，在架头上平移仪器，使光学对中器标记中心精确对准地面标记，再拧紧连接螺旋，重复第（4）（5）步操作，直至对中偏离地面标记中心不超过 1 mm，而且仪器转到任何方向，气泡中心不偏离水准管零点一格为止。

2）瞄准目标

（1）将望远镜对向天空（或白色墙面），转动目镜使十字丝清晰。

（2）用望远镜上的初瞄器瞄准目标，再从望远镜中观看，若目标位于视场内，可固定竖直制动螺旋和水平制动螺旋。

（3）转动物镜调焦螺旋使目标影像清晰，再调节望远镜和照准部微动螺旋，用十字丝的纵丝平分目标（或将目标夹在双丝中间）。

（4）眼睛微微左右移动，检查有无视差；若有，转动目镜和物镜调焦螺旋予以消除。

3）读　数

对于电子经纬仪来说，直接从显示屏上读取水平度盘读数（HR）或竖直度盘读数（V）。

4）目标观测、读数、记录练习

小组每个成员以指定的目标进行下列项目的练习：

（1）盘左瞄准目标，读出水平度盘读数（HR），记录在表 7 中；

（2）纵转望远镜，盘右再瞄准该目标，读出水平度盘读数（HR），记录在表 7 中；

（3）计算仪器的 $2C$ 值，$2C$ = 盘左读数 −（盘右读数 ± 180°），$2C$ 的大小反映仪器视准轴误差的大小，通常也可根据 $2C$ 值检核瞄准和读数是否正确。

5）电子经纬仪操作键功能练习（图 1）

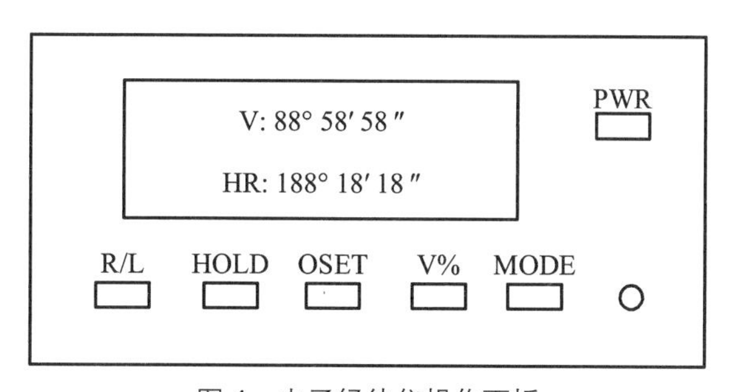

图 1　电子经纬仪操作面板

R/L（水平读数状态切换键）：HR 表示水平读数会随着仪器顺时针旋转读数变大，HL 表示水平读数会随着仪器逆时针旋转读数变大；

HOLD（锁定键）：快速将该键按两次，水平读数将被锁定，解锁时将该键再按一次。

0SET（归零键）：快速将该键按两次，水平读数将被设置成 0°00′00″。

V%（竖直读数状态切换键）：将该键按一次，竖直读数将以坡度显示，再按一次，又以竖直读数显示。

MODE（模式键）：该键只有与测距仪相连接才有作用。

PWR（电源键）：开机常按此键 1 秒，关机长按此键 2 秒。

4. 实习注意事项

（1）当一人操作时，小组其他人员只做言语帮助，严禁多人同时操作一台仪器。

（2）仪器的各个螺旋要正确使用，要稳、轻、慢，切勿用力太大。

（3）水平制动或竖直制动螺旋拧紧时，严禁强制转动仪器，以免破坏仪器制动系统。

（4）各脚螺旋转到头，切勿继续再转，以防脱扣。

（5）照准目标时，要根据目标情况正确使用单丝和双丝，并且上半测回瞄准目标什么部位，下半测回仍要照准目标的同一位置。

5. 实习成绩评定

实习成绩的评定，按照每个小组成员的实习态度情况、仪器操作情况、完成实习精度情况、实习报告填写规范情况、小组抽查情况五个方面评分。

表6　实习成绩评定

姓名	实习态度	操作情况	精度情况	实习报告情况	抽查情况	合计

6. 实习报告

表7　经纬仪的认识记录表

日期：　　天气：　　仪器编号：

组别：　　姓名：　　学号：

测站	目标	盘左读数	盘右读数	2C 值

实习项目 4　测回法测量水平角

（实习时间：3 课时）

教学方法：演示—分组练习—教师辅导—评价—应用

1. 实习目的和要求

（1）进一步熟悉电子经纬仪的使用；

（2）掌握测回法测量水平角的方法、记录、计算和精度评定；

（3）每人对同一角度观测 2 测回，上、下半测回角值之差不得超过 ±40″，各测回角值互差不得大于 ±24″。

2. 实习仪器和工具

电子经纬仪 1 台、脚架 1 副、支架对中杆 1 副、棱镜 1 个、铅笔、计算器、记录板等。

3. 实习内容和步骤

1）实习内容

每个小组将仪器安置在指定的测站点上，用测回法测量指定的目标形成的水平角，小组每个成员均需测量 2 个测回。

2）具体过程

假设仪器安置在测站点 O 点，对中整平后，瞄准选定的 A、B 两个目标进行观测（假设 A 在观测者的左侧、B 在右侧）。

（1）盘左，转动照准部精确瞄准目标 A，归零（0SET），将水平读数 a_1 记入手簿（表 9）。

（2）顺时针方向转动照准部，精确瞄准目标 B，将水平读数 b_1 记入手簿（表 9）。

盘左测得 $\angle AOB$ 为 $\beta_{左} = b_1 - a_1$

（3）纵转望远镜为盘右，先瞄准目标 B，将水平读数 b_2 记入手簿（表 9），逆时针方向转动照准部，再瞄准目标 A，将水平读数 a_2 记入手簿（表 9）。

盘右测得 $\angle AOB$ 为 $\beta_{右} = b_2 - a_2$

（4）若上、下半测回角之差不大于 40″，计算一测回角值 $\beta = (\beta_{左} + \beta_{右})/2$；否则重新测量。

以上即为一个测回的水平角测量过程。

（5）如果需要观测 N 个测回时，应将起始方向 A 的水平度盘读数安置于 180°/N 附近，比如本次实习每个小组成员测量两个测回，起始方向度盘配置按照第一测回置零 0°00′00″，第二测回配置成 90°00′00″。

（6）小组各成员所测得的各测回角值互差应不大于 ± 24″，再计算各个测回的平均角值作为最终结果。

4. 实习注意事项

（1）每一测回测量期间，要注意水准管气泡是否在中间，如果偏离中央超过一格，应重新整平，并重测该测回；

（2）照准目标时，应根据目标情况正确使用单丝和双丝，并且上半测回瞄准目标什么部位，下半测回仍要照准目标的同一位置；

（3）测量水平角时应注意先测观测者左手目标，再观测右手目标，这样测定的水平角才是观测者正向面对的水平角。

5. 实习成绩评定

实习成绩的评定，按照每个小组成员的实习态度情况、仪器操作情况、完成实习精度情况、实习报告填写规范情况、小组抽查情况五个方面评分。

表 8　实习成绩评定

姓名	实习态度	操作情况	精度情况	实习报告情况	抽查情况	合计

6. 实习报告

表 9　水平角观测手簿（测回法）

日期：　　　　　　　　天气：　　　　　　　　仪器编号：

组别：　　　　　　　　姓名：　　　　　　　　学号：

<table>
<tr><th>测站</th><th>竖盘位置</th><th>目标</th><th>水平度盘读数</th><th>半测回角值</th><th>一测回角值</th><th>各测回平均角值</th></tr>
<tr><td rowspan="4"></td><td rowspan="2"></td><td></td><td></td><td rowspan="2"></td><td rowspan="4"></td><td rowspan="8"></td></tr>
<tr><td></td><td></td></tr>
<tr><td rowspan="2"></td><td></td><td></td><td rowspan="2"></td></tr>
<tr><td></td><td></td></tr>
<tr><td rowspan="4"></td><td rowspan="2"></td><td></td><td></td><td rowspan="2"></td><td rowspan="4"></td></tr>
<tr><td></td><td></td></tr>
<tr><td rowspan="2"></td><td></td><td></td><td rowspan="2"></td></tr>
<tr><td></td><td></td></tr>
</table>

实习项目 5　全圆方向观测法测量水平角

（实习时间：3 课时）

教学方法：演示—分组练习—教师辅导—评价—应用

1. 实习目的和要求

（1）练习全圆方向观测法观测水平角的操作方法、记录和计算；

（2）半测回归零差不得超过 ±18″；

（3）各测回方向值互差不得超过 ±24″。

2. 实习仪器和工具

经纬仪 1 台，脚架 1 副，支架对中杆 1 副、记录板 1 个，棱镜 1 个、铅笔、计算器、记录板等。

3. 实习内容和步骤

1）实习内容

每个小组将仪器安置在指定的测站点上，用全圆方向观测法测量指定的目标形成的水平角，小组每个成员均需测量 1 个测回。

2）具体过程

（1）在测站点 O 安置仪器，对中、整平后，选定 A、B、C、D 四个目标。

（2）盘左瞄准起始目标 A，并使水平度盘读数略大于零，读数并记录。

（3）顺时针方向转动照准部，依次瞄准 B、C、D、A 各目标，分别读取水平度盘读数并记录，检查归零差是否超限。

（4）纵转望远镜，盘右，逆时针方向依次瞄准 A、D、C、B、A 各目标，读数并记录，检查归零差是否超限。

（5）计算。

$$同一方向两倍视准误差\ 2C = 盘左读数 - （盘右读数 \pm 180°）$$

$$各方向的平均读数 = [盘左读数 + （盘右读数 \pm 180°）]/2$$

将各方向的平均读数减去起始方向的平均数，即得各方向的归零方向值。

各小组可根据小组成员数确定测回数的多少，假如有 6 个小组成员，则每人测一个测回，共

6 个测回，按 180°/6，则第一测回起始方向 A 的水平度盘读数归零 0°00′00″，第二测回起始方向 A 的水平度盘读数设置成 30°左右，第三测回起始方向 A 的水平度盘读数设置成 60°左右，依次类推。各测回同一方向归零方向值的互差不超过 ± 24″，取得平均值，作为该方向的结果。

4. 实习注意事项

（1）在记录前，首先要弄清记录表格的填写次序和填写方法。

（2）每一测回测量期间，要注意水准管气泡是否在中间，如果偏离中央超过一格，应重新整平，并重测该测回。

（3）照准目标时，要根据目标情况正确使用竖丝的单丝和双丝，并且上半测回瞄准目标什么部位，下半测回仍要照准目标的同一位置。

5. 实习成绩评定

实习成绩的评定，按照每个小组成员的实习态度情况、仪器操作情况、完成实习精度情况、实习报告填写规范情况、小组抽查情况五个方面评分。

表 10　实习成绩评定

姓名	实习态度	操作情况	精度情况	实习报告情况	抽查情况	合计

6. 实习报告

表 11　水平角观测手簿（方向观测法）

日期：　　　　　　天气：　　　　　　仪器编号：

组别：　　　　　　姓名：　　　　　　学号：

测站	测回数	目 标	读　数		2C	平均读数	归零后的方向值	各测回归零方向值的平均值
			盘左	盘右				

实习项目 6　竖直角测量与竖盘指标差的检验

（实习时间：2～3 课时）

教学方法：演示—分组练习—教师辅导—评价—应用

1. 实习目的和要求

（1）练习竖直角观测、记录及计算的方法；

（2）了解竖盘指标差的检查和计算方法；

（3）同一组所测得的竖盘指标差的互差不得超过 ± 25″。

2. 实习仪器和工具

电子经纬仪 1 台、脚架 1 副、棱镜 1 个、铅笔、计算器、记录板等。

3. 实习内容和步骤

1）实习内容

每个小组将仪器安置在指定的测站点上，测量指定的目标的竖直角，小组每个成员均需测量 2 个以上的目标，每个目标 1 个测回。

2）具体过程

（1）在测站 O 上安置仪器，对中、整平后，选定 A、B 两个目标。

（2）先观察一下竖盘注记形式并写出竖直角的计算公式。盘左将望远镜大致放平，观察竖盘读数，然后将望远镜慢慢上仰，观察读数变化情况，若读数减小，则竖直角等于视线水平时的读数减去瞄准目标时的读数；反之，则相反。

（3）盘左，用十字丝中横丝切于 A 目标顶端，转动竖盘指标水准管微动螺旋，使竖盘指标水准管气泡居中（电子经纬仪无此项操作），读取竖盘读数 L，记入手簿并算出竖直角 α_L；

（4）盘右，同法观测 A 目标，读取盘右读数 R，记录并算出竖直角 α_R；

（5）计算竖盘指标差

$$x=\frac{1}{2}(\alpha_R-\alpha_L)\quad 或 \quad x=\frac{1}{2}(L+R-360°)$$

（6）计算竖直角平均值

$$a=\frac{1}{2}(a_L+a_R) \quad 或 \quad a=\frac{1}{2}(R-L-180°)$$

（7）同法测定 B 目标的竖直角并计算出竖盘指标差，检查指标差的互差是否超限。

4. 实习注意事项

（1）在记录前，首先要弄清记录表格的填写次序和填写方法；

（2）每一测回测量期间，要注意水准管气泡是否在中间，如果偏离中央超过一格，应重新整平，并重测该测回；

（3）照准目标时，要根据目标情况正确使用横丝的单丝和双丝，并且上半测回瞄准目标什么部位，下半测回仍要照准目标的同一位置；

（4）计算竖直角和指标差时，应注意正、负号。

5. 实习成绩评定

实习成绩的评定，按照每个小组成员的实习态度情况、仪器操作情况、完成实习精度情况、实习报告填写规范情况、小组抽查情况五个方面评分。

表 12　实习成绩评定

姓名	实习态度	操作情况	精度情况	实习报告情况	抽查情况	合计

6. 实习报告

表 13　竖直角观测手簿

日期：　　　　　　　　　天气：　　　　　　　　　仪器编号：

组别：　　　　　　　　　姓名：　　　　　　　　　学号：

测站	目标	竖盘位置	竖盘读数	竖直角	指标差	平均竖直角

实习项目 7　全站仪角度、距离和高差测量

（实习时间：2 课时）

教学方法：演示—分组练习—教师辅导—评价—应用

1. 实习目的和要求

（1）认识和掌握全站仪基本构造，认清其主要部件的名称及作用；

（2）掌握使用全站仪进行角度测量、距离测量、高差测量，并能进行相关设置。

2. 实习仪器和工具

全站仪一台、脚架 1 副、支架对中杆 1 副、棱镜一个、铅笔、记录板等。

3. 实习内容和步骤

各小组将仪器安置在指定位置，对中调平。在实习指导教师的统一讲解下，熟悉一下内容：

1）掌握初始化方法及按键功能

（1）开机初始化设置，盘左状态将望远镜纵向旋转一周，完成初始化设置；

（2）听实习指导教师讲解操作面板上按键的功能，各按键分为数字键盘区、功能键区、测量模式区。

2）掌握仪器辅助设置（星键功能）

熟悉对比度调整，补偿器开关设置，屏幕灯光设置，温度、气压、棱镜常数设置。

3）熟悉全站仪角度测量和距离测量方法

（1）水平角测量：测回法（盘左、盘右取平均值的方法）。

测角模式中的功能键：

置零：将任意方向的水平读数归零。

锁定：将水平读数锁定不动。
置盘：将仪器的水平读数设置成任意读数。
R/L：切换水平读数左旋增大和右旋增大。
（2）竖直角测量：盘左、盘右取平均值的方法。
V%：竖直读数和坡度的转换。
竖角：直接显示竖直角大小。
倾斜：竖轴补偿开启或关闭。
（3）距离测量（斜距、平距、高差）。
测量：启动测距。
模式：单次精测、连续精测、跟踪测量转换。
S/A：棱镜常数、温度、气压设置。
放样：水平距离放样。
m/ft：单位米和英寸的转换。
SD：斜距。
HD：水平距。
VD：高差（测量高差时应注意输入仪高和镜高）。
实习要求：利用全站仪的角度测量和距离测量功能测量指定点的水平角、竖直角、斜距、高差、水平距离，并记录在表15～表17中，小组内成员共同完成该实习内容。

4. 实习注意事项

（1）全站仪是昂贵的精密仪器，使用时须十分谨慎小心，各螺旋要慢慢转动，转到头切勿再继续转动，水平和竖直制动螺旋处于制动状态时，切勿强制旋转仪器照准部和望远镜。
（2）当一人操作时，小组其他人员只做言语帮助，严禁多人同时操作一台仪器。
（3）严禁将全站仪和支架对中杆棱镜置于一边而无人看管。
（4）严禁坐、压仪器箱，全站仪取放时，应轻拿轻放。观测期间应将仪器箱关闭。

5. 实习成绩评定

实习成绩的评定，按照每个小组成员的实习态度情况、仪器操作情况、完成实习精度情况、实习报告填写规范情况、小组抽查情况五个方面评分。

表14　实习成绩评定

姓名	实习态度	操作情况	精度情况	实习报告情况	抽查情况	合计

6. 实习报告

表 15　水平角观测

日期：　　　　　　　　天气：　　　　　　　　仪器编号：

温度：　　　　　　　　气压：　　　　　　　　棱镜常数：

姓名：　　　　　　　　组别：　　　　　　　　学号：

<table>
<tr><th>测　站</th><th>竖盘位置</th><th>目　标</th><th>水平度盘
读数</th><th>半测回
角　值</th><th>一测回
角　值</th></tr>
<tr><td rowspan="4"></td><td rowspan="2"></td><td></td><td></td><td rowspan="2"></td><td rowspan="4"></td></tr>
<tr><td></td><td></td></tr>
<tr><td rowspan="2"></td><td></td><td></td><td rowspan="2"></td></tr>
<tr><td></td><td></td></tr>
</table>

表 16　竖直角观测

<table>
<tr><th>测　站</th><th>目标</th><th>竖盘位置</th><th>竖盘读数</th><th>竖直角</th><th>指标差</th><th>平均竖直角</th></tr>
<tr><td rowspan="4"></td><td rowspan="2"></td><td></td><td></td><td></td><td rowspan="2"></td><td rowspan="2"></td></tr>
<tr><td></td><td></td><td></td></tr>
<tr><td rowspan="2"></td><td></td><td></td><td></td><td rowspan="2"></td><td rowspan="2"></td></tr>
<tr><td></td><td></td><td></td></tr>
</table>

表 17　距离观测

<table>
<tr><th>测　站</th><th>目　标</th><th>斜距/m</th><th>水平距离/m</th><th>高差/m</th><th>目标高/m</th></tr>
<tr><td rowspan="2"></td><td></td><td></td><td></td><td></td><td></td></tr>
<tr><td></td><td></td><td></td><td></td><td></td></tr>
<tr><td rowspan="2"></td><td></td><td></td><td></td><td></td><td></td></tr>
<tr><td></td><td></td><td></td><td></td><td></td></tr>
</table>

实习项目 8　全站仪坐标测量与坐标放样

（实习时间：4 课时）

教学方法：演示—分组练习—教师辅导—评价—应用

1. 实习目的和要求

（1）熟悉全站仪测量坐标的方法；

（2）熟悉全站仪坐标放样的方法。

2. 实习仪器和工具

全站仪 1 台、脚架 1 副、支架对中杆 1 副、棱镜 1 个、铅笔、记录板等。

3. 实习内容和步骤

1）掌握利用全站仪进行坐标测量的方法

（1）测站设置；

（2）后视设置；

（3）坐标测量并记录。

实习要求：由实习指导教师实地指定两个已知点，若干个待测点，利用全站仪坐标测量功能将待测点的三维坐标测量并记录在表 19 中。

2）掌握全站仪坐标放样方法

由实习指导教师现场指定两个已知控制点，将图纸上设计好的坐标测设到地面上，并做好标记。

放样模式有两个功能，如果坐标数据未被存入内存，则也可从键盘输入坐标，也可通过个人计算机从传输电缆装入仪器内存。

（1）选择坐标数据文件。可进行测站坐标数据及后视坐标数据的调用；

（2）设置测站点；

（3）设置后视点，确定方位角（瞄准后视方向后按确定）；

（4）输入或调用所需的放样坐标，开始放样；

（5）放样过程中主要两点：角度差 dHR 调为零，距离差 dHD 测为零。

4. 实习注意事项

（1）全站仪是昂贵的精密仪器，使用时须十分谨慎小心，各螺旋要慢慢转动，转到头切勿再继续转动，水平和竖直制动螺旋处于制动状态时，切勿强制旋转仪器照准部和望远镜。

（2）当一人操作时，小组其他人员只做言语帮助，严禁多人同时操作一台仪器。

（3）严禁将全站仪和支架对中杆棱镜置于一边而无人看管。

（4）严禁坐、压仪器箱。全站仪取放时，应轻拿轻放。观测期间应将仪器箱关闭。

5. 实习成绩评定

实习成绩的评定，按照每个小组成员的实习态度情况、仪器操作情况、完成实习精度情况、实习报告填写规范情况、小组抽查情况五个方面评分。

表 18　实习成绩评定

姓名	实习态度	操作情况	精度情况	实习报告情况	抽查情况	合计

6. 实习报告

日期：　　　　天气：　　　　仪器编号：

温度：　　　　气压：　　　　棱镜常数：

姓名：　　　　组别：　　　　学号：

（1）全站仪坐标测量（每个成员至少测量 2 个点）。

表 19　坐标测量记录表

<table>
<tr><td colspan="2">测站点坐标</td><td>X:</td><td>Y:</td><td>H:</td></tr>
<tr><td colspan="2">后视点坐标</td><td>X:</td><td>Y:</td><td>H:</td></tr>
<tr><td colspan="2">后视方位角</td><td colspan="3"></td></tr>
<tr><td>点号</td><td>X 坐标</td><td>Y 坐标</td><td>高程 H</td><td>操作者</td></tr>
<tr><td>1</td><td></td><td></td><td></td><td rowspan="4"></td></tr>
<tr><td>2</td><td></td><td></td><td></td></tr>
<tr><td>3</td><td></td><td></td><td></td></tr>
<tr><td>4</td><td></td><td></td><td></td></tr>
</table>

（2）全站仪坐标放样（设计坐标由指导教师现场给出）。

1 号坐标____

2 号坐标____

全站仪坐标放样参数记录：

测站点点名及坐标：________________________________

后视点点名及坐标：________________________________

表 20　全站仪坐标放样记录表

放样点编号	放样点 对应的方位角	放样点对应 设计距离	放样点角度偏差	放样点距离偏差
1				
2				

实习项目 9　全站仪程序测量与内存管理

（实习时间：4 课时）

教学方法：演示—分组练习—教师辅导—评价—应用

1. 实习目的和要求

（1）掌握全站仪测量程序（悬高测量、对边测量、面积测量、后方交会）的使用；

（2）掌握全站仪数据采集功能；

（3）熟悉全站仪内存管理的相关操作。

2. 实习仪器和工具

全站仪 1 台、脚架 1 副、支架对中杆 1 副、棱镜 1 个、铅笔、记录板等。

3. 实习内容和步骤

1）掌握全站仪测量程序的使用方法

（1）悬高测量。

主要用于测量目标点高度，而目标点无法安置棱镜。

实习要求：每个小组成员利用悬高测量功能实测指定目标顶离地面的高度，并记录在实习报告相应位置。

（2）对边测量。

主要用于多个目标之间的水平距离和高差测量，分为两种模式：

① MLM-1（A—B，A—C）：测量 A—B，A—C，A—D……

② MLM-2（A—B，B—C）：测量 A—B，B—C，C—D……

实习要求：由实习指导教师实地指定四个点 A、B、C、D，分别利用对边测量功能的两种模式测量两两点之间的水平距离和高差，并记录在实习报告相应位置。

（3）面积测量。

该模式用于计算闭合图形的水平面积，面积计算有如下两种方法：

① 用坐标数据文件计算面积。

② 用测量数据计算面积。

实习要求：由实习指导教师实地指定一个范围，利用面积测量功能测量该范围的水平面积，并将测量结果记录在实习报告相应位置。

（4）后方交会测量。

当提供的已知点之间无法通视时，可以利用后方交会设置新点。

操作方法：仪器安置在新点上，瞄准两个已知点，测量时从左到右，先向仪器输入左边的已知点坐标，然后瞄准测量，再向仪器输入右边的已知点坐标，然后瞄准测量，最后按计算键，得到新点的坐标数据。可通过后方交会残差的大小判断新点的精度。

实习要求：根据给定的已知点测量仪器安置点的坐标。

2）数据采集

由实习指导教师现场指定两个控制点，并指定若干地物地貌点，由各小组现场将各地物地貌点的坐标和高程测量出来，并存储在全站仪中。

操作介绍：

数据采集主要用于测量若干未知点的三维坐标，而且需要存储在仪器内存中。

① 设置测站；

② 设置后视；

③ 瞄准目标测量。

各小组也可自己选定目标，用数据采集功能将目标点的坐标测量出并存到仪器中，文件名为当天日期＋小组编号，比如201905261。

3）内存管理

（1）存储介质：对当前的数据存储介质进行选择（FLASH/SD Card）。

（2）内存状态：检查存储数据的个数/剩余内存空间。

（3）数据查阅：查看记录数据。

（4）文件维护：删除文件/编辑文件名。

（5）输入坐标：将坐标数据输入并存入坐标数据文件。

（6）删除坐标：删除坐标数据文件中的坐标数据。

（7）输入编码：将编码数据输入并存入编码库文件。

（8）数据传输：发送测量数据或坐标数据，或编码库数据/上传坐标数据或编码库数据/设置通讯参数。

（9）文件操作：将FLASH中和SD Card 中的文件相互转存。

（10）初始化：内存初始化。

4. 实习注意事项

（1）全站仪使用时须谨慎小心，各螺旋要慢慢转动，转到头切勿再继续转动，水平和竖直制动螺旋处于制动状态时，切勿强制旋转仪器照准部和望远镜。

（2）当一人操作时，小组其他人员只做言语帮助，严禁多人同时操作一台仪器。

（3）严禁将全站仪和支架对中杆棱镜置于一边而无人看管。
（4）严禁坐、压仪器箱。全站仪取放时，应轻拿轻放。观测期间应将仪器箱关闭。

5. 实习成绩评定

实习成绩的评定，按照每个小组成员的实习态度情况、仪器操作情况、完成实习精度情况、实习报告填写规范情况、小组抽查情况五个方面评分。

表 21　实习成绩评定

姓名	实习态度	操作情况	精度情况	实习报告情况	抽查情况	合计

6. 实习报告

日期：　　　　　　天气：　　　　　　仪器编号：
温度：　　　　　　气压：　　　　　　棱镜常数：
姓名：　　　　　　组别：　　　　　　学号：

1）悬高测量（每个成员至少测量一个目标）

目标 1 离地面的高度是______________；
目标 2 离地面的高度是______________。

2）对边测量

（1）（*A*—*B*；*B*—*C*；*C*—*D*）模式：
A—*B* 水平距离为______________，*A*—*B* 高差为______________；
B—*C* 水平距离为______________，*B*—*C* 高差为______________；
C—*D* 水平距离为______________，*C*—*D* 高差为______________。
（2）（*A*—*B*；*A*—*C*；*A*—*D*）模式：
A—*B* 水平距离为______________，*A*—*B* 高差为______________；
A—*C* 水平距离为______________，*A*—*C* 高差为______________；
A—*D* 水平距离为______________，*A*—*D* 高差为______________。

3）面积测量

实测面积是______________。

4）采用后方交会定位仪器安置点的坐标

（1）采用的已知控制点点名是__________坐标为________________________________
（2）采用的已知控制点点名是__________坐标为________________________________
（3）利用全站仪后方交会功能测出的仪器安置点坐标为________________________
（4）仪器显示的点位误差是____________________________

实习项目 10　水准仪抄平实习（已知高程的测设）

（实习时间：2 课时）

教学方法：演示—分组练习—教师辅导—评价—应用

1. 实习目的和要求

（1）掌握用水准仪测设设计高程位置的方法；

（2）进一步熟悉水准仪在施工测量中的应用。

2. 实习仪器和工具

自动安平水准仪 1 台、脚架 1 副、水准尺 1 根、记录板、计算器、铅笔等。

3. 实习内容和步骤

由实习指导教师现场指定已知高程点，设 A 点高程 $H_A = 357.998$ m，试用水准仪在墙上测设以下表中的设计高程值（小组成员每人至少一个），并记录过程至表 24 中。

表 22　已知高程点

点号	设计高程值/m	点号	设计高程值/m
B_1	357.780	B_4	358.537
B_2	358.000	B_5	358.990
B_3	358.250	B_6	359.500

测设完成后，重新调整仪器高度，实测抄平位置的高程与设计值比较，误差不超过 ± 5 mm，并将结果填写到表 25 中。

4. 实习注意事项

（1）当一人操作时，小组其他人员只做言语帮助，严禁多人同时操作一台仪器。

（2）严禁将水准仪置于一边而无人看管。

（3）严禁坐、压仪器箱，观测期间应将仪器箱关闭。

5. 实习成绩评定

实习成绩的评定，按照每个小组成员的实习态度情况、仪器操作情况、完成实习精度情况、实习报告填写规范情况、小组抽查情况五个方面评分。

表 23 实习成绩评定

姓名	实习态度	操作情况	精度情况	实习报告情况	抽查情况	合计

6. 实习报告

（1）水准仪抄平记录表。

日期：　　天气：　　仪器编号：

姓名：　　组别：　　学号：

表 24 水准仪抄平记录表

已知水点点号	已知水准点高程	后视读数	视线高	测点点号	设计高程	桩顶应读数	桩顶实读数	操作者

（2）高程检测记录表。

表 25 高程检测记录表

已知水准点点号	已知水准点高程	后视读数	视线高	测点点号	设计高程	检测高程	偏差	操作者

实习项目 11　建筑物定位放线

（实习时间：4 课时）

教学方法：演示—分组练习—教师辅导—评价—应用

1. 实习目的和要求

（1）掌握全站仪坐标放样程序的使用；
（2）掌握全站仪坐标存储和管理；
（3）掌握全站仪坐标放样法测设建筑物位置；
（4）掌握测量检核的方法。

2. 实习仪器和工具

每组全站仪 1 台、电池 2 块、脚架 1 副、支架对中杆 1 副、钢尺 1 把、测量工具包 1 个，学生自备计算器、铅笔、三角板。

3. 实习内容和步骤

由实习指导教师现场提供已知控制点点位和坐标数据，各组在待放样建筑物附近选点，安置仪器。利用已知坐标数据进行后方交会求得仪器安置点的坐标数据；利用该点为已知点进行建筑物定位放样。各组建筑物平面设计位置图参见图 2，控制点数据由实习指导教师提供。

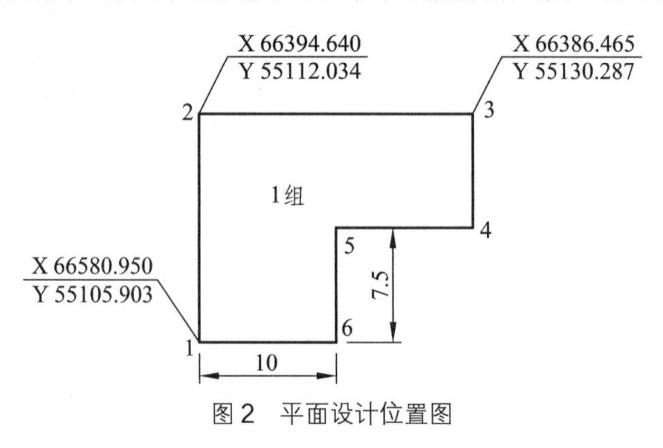

图 2　平面设计位置图

实习要求：建筑物位置放样，并进行放样点位置检核工作。

（1）测量小组的每个成员均应参与测量的每个环节。

（2）精度要求：仪器在整个放样过程中整平误差不超过一格；对中误差 1 mm；

放样点角度偏差 ± 2″；放样点水平距离偏差 ± 5 mm。

（3）测量数据书写清楚和规范，严禁测量数据造假。

（4）放样精度要求：边长相对误差不大于 1/3 000；建筑物各房角角度偏差不超过 60″。

4. 实习注意事项

（1）当一人操作时，小组其他人员只做言语帮助，严禁多人同时操作一台仪器；

（2）严禁将全站仪置于一边而无人看管；

（3）严禁坐、压仪器箱，观测期间应将仪器箱关闭；

（4）测设点位时，方向应以支架对中杆的底部为准，距离以棱镜为准；

（5）应注意测站设置时，精确瞄准后视点。

5. 实习成绩评定

实习成绩的评定，按照每个小组成员的实习态度情况、仪器操作情况、完成实习精度情况、实习报告填写规范情况、小组抽查情况五个方面评分。

表 26　实习成绩评定

姓名	实习态度	操作情况	精度情况	实习报告情况	抽查情况	合计

6. 实习报告

参照各组对应的建筑物平面图完成以下内容：

（1）采用后方交会定位仪器安置点的坐标。

① 采用的已知控制点点名是________坐标为________________________________

② 采用的已知控制点点名是________坐标为________________________________

③ 利用全站仪后方交会功能测出的仪器安置点坐标为______________________

④ 仪器显示的点位误差是______________________________

（2）计算房角点坐标。

参照各自小组对应的平面图上标注的数据计算房角点坐标：

4 号房角点坐标为____

5 号房角点坐标为____

6 号房角点坐标为____

（3）全站仪坐标放样参数记录。

测站点点名及坐标为____

后视点点名及坐标为____

表 27　全站仪坐标放样记录表

放样点编号	放样点 对应的方位角	放样点对应 设计距离	放样点角度偏差	放样点距离偏差	操作者姓名
1					
2					
3					
4					
5					
6					

（4）建筑物边长检核。

表 28　建筑物边长检核表

建筑物边	设计水平距离/m	实测水平距离/m	差值/mm	相对精度 *K*	操作者姓名
1—2					
2—3					
3—4					
4—5					
5—6					
6—1					

实习项目 12　建筑物轴线投测

（实习时间：2 课时）

教学方法：演示—分组练习—教师辅导—评价—应用

1. 实习目的和要求

（1）掌握建筑物轴线投测的方法；

（2）掌握盘左盘右分中法的使用。

2. 实习仪器和工具

每组经纬仪 1 台、电池 2 粒、脚架 1 副、三角板。

3. 实习内容和步骤

由实习指导教师在某建筑物前方现场定一条轴线位置，如图 3 所示，要求将该轴线用盘左盘右分中的方法投测到前方建筑物基础墙上（或墙体底部）。

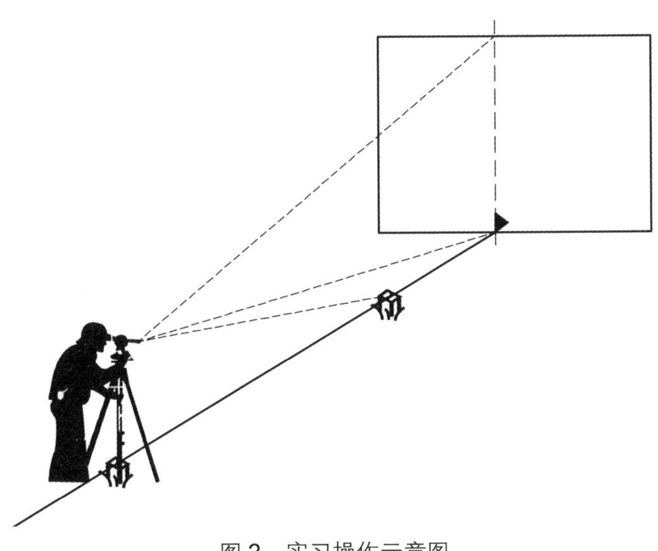

图 3　实习操作示意图

再以基础墙上的标记为基准，用盘左盘右分中的方法投测到建筑物指定的楼层侧面墙壁上。

4. 实习注意事项

（1）投测前经纬仪应严格检验和校正，操作时仔细对中和整平，以减少仪器竖轴误差的影响；

（2）应尽量采用正倒镜取中法向上投测轴线或延长轴线时，以消除仪器视准轴和横轴不垂直误差带来的影响。

5. 实习成绩评定

实习成绩的评定，按照每个小组成员的实习态度情况、仪器操作情况、完成实习精度情况、实习报告填写规范情况、小组抽查情况五个方面评分。

表 29　学习成绩评定

姓名	实习态度	操作情况	精度情况	抽查情况	合计

实习项目 13　GPS-RTK 电台模式下测量

（实习时间：4 课时）

教学方法：演示—分组练习—教师辅导—评价—应用

1. 实习目的和要求

（1）熟悉 GPS-RTK 系统组成及各部件的作用；
（2）掌握各部件连接方法；
（3）熟悉 GPS-RTK 电台模式的设置方法；
（4）理解 GPS-RTK 工作原理；
（5）熟悉利用 GPS-RTK 进行测量的方法。

2. 实习仪器和工具

（1）基准站仪器：南方测绘银河 6 接收机 1 台、加长杆 1 根、电台天线 1 根、三脚架 1 副、加长杆铝盘 1 个。

（2）流动站仪器：南方测绘银河 6 接收机 1 台、天线 1 根、碳纤对中杆 1 根、手簿 1 本、托架 1 个、电子手簿 1 台（流动站仪器数量以每小组计）。

3. 实习内容和步骤

1）仪器架设

（1）基准站架设。

选择合适地点架设基准站，将工作模式设置为基准站模式，数据链设置为电台模式、设置电台通道。基准站启动设置，选择自动单点模式与 TCM32 格式，启动基准站。当发射灯一秒一闪时，表示已正常工作。

（2）移动站架设。

利用蓝牙管理器搜索选择正确的机身号，实现手簿通过蓝牙与主机相连。通过手簿将移动站主机工作模式设置为移动站模式，数据链设置为电台，与基准站电台通道保持一致，当移动站达到固定解时，即可进入作业环节。

2）新建工程

输入工程名称，进行天线高、坐标系统设置。

3）求转换参数

已知测区提供三个平面控制点坐标，进入点测量，分别采集 A_1，A_2，A_3 三个控制点经纬度坐标。在求转换参数中增加输入 A_1 控制点平面坐标，确定后，从坐标管理库选择采集的经纬度坐标，完成一个控制点数据录入，然后依次完成 A_2，A_3 点数据录入。点击保存。查看水平、高程精度，无误后，点击应用。该步骤可将参数值赋值给当前工程。

4）校正向导

单点校正，在校正模式中选择“基准站架设在未知点”，输入已知平面坐标（如 A_3）气泡居中后，点击校正，即可完成校正工作。

5）已知点检核

将移动站放置在已知点上，选择点测量，测出已知点坐标，点击查看，若测出坐标与实际坐标匹配，即可进行测量放样工作。

6）测　量

（1）点测量。

将移动站置于待测点上，达到固定解并气泡居中后，点击 Enter 键，即可采集该点坐标数据，双击 B 键，浏览确认。

（2）点放样。

选择点放样功能。点击目标，文件，选择对应的坐标文件。导入，选择放样点名，根据屏幕信息进行放样测量。利用标记物标定，依次进行，即可完成放样作业。

4. 实习注意事项

（1）GPS 是昂贵的精密仪器，使用时须十分谨慎小心。

（2）当一人操作时，小组其他人员只做言语帮助，严禁多人同时操作一台仪器。

（3）严禁将动态 GPS 设备置于一边而无人看管。

（4）严禁坐、压仪器箱。GPS 取放时，应轻拿轻放。观测期间应将仪器箱关闭。

5. 实习成绩评定

实习成绩的评定，按照每个小组成员的实习态度情况、仪器操作情况、完成实习精度情况、实习报告填写规范情况、小组抽查情况五个方面评分。

表 30　学习成绩评定

姓名	实习态度	操作情况	精度情况	实习报告情况	抽查情况	合计

6. 实习报告

表 31　已知点坐标（由教师提供）

<table>
<tr><td rowspan="2">点名</td><td colspan="3">已知点坐标</td><td colspan="3">检核坐标</td></tr>
<tr><td>X</td><td>Y</td><td>H</td><td>X</td><td>Y</td><td>H</td></tr>
<tr><td></td><td></td><td></td><td></td><td></td><td></td><td></td></tr>
<tr><td></td><td></td><td></td><td></td><td></td><td></td><td></td></tr>
<tr><td></td><td></td><td></td><td></td><td></td><td></td><td></td></tr>
<tr><td></td><td></td><td></td><td></td><td></td><td></td><td></td></tr>
</table>

表 32　采集点坐标

<table>
<tr><td rowspan="2">点名</td><td colspan="3">已知点坐标</td><td rowspan="2">点名</td><td colspan="3">已知点坐标</td></tr>
<tr><td>X</td><td>Y</td><td>H</td><td>X</td><td>Y</td><td>H</td></tr>
<tr><td></td><td></td><td></td><td></td><td></td><td></td><td></td><td></td></tr>
<tr><td></td><td></td><td></td><td></td><td></td><td></td><td></td><td></td></tr>
<tr><td></td><td></td><td></td><td></td><td></td><td></td><td></td><td></td></tr>
</table>

实习项目 14　GPS-RTK 网络模式下的测量

（实习时间：4 课时）

教学方法：演示—分组练习—教师辅导—评价—应用

1. 实习目的和要求

（1）熟悉 GPS-RTK 网络模式的设置；
（2）掌握各部件连接方法；
（3）理解 GPS-RTK 工作原理。

2. 实习仪器和工具

（1）基准站仪器：南方测绘银河 6 接收机 1 台、加长杆 1 根、GPRS 差分天线 1 根、脚架 1 副、加长杆铝盘 1 个，SIM 卡 1 张。

（2）流动站仪器：南方测绘银河 6 接收机 1 个、GPRS 差分天线 1 根、碳纤对中杆 1 根、手簿 1 本、托架 1 个、电子手簿 1 台（流动站仪器数量以每小组计）。

3. 实习内容和步骤

1）仪器架设

（1）基准站架设。

选择合适地点架设基准站，将主机固定在三脚架上，安装电池，插入 SIM 卡，开机。手簿通过蓝牙与主机相连，通过手簿将主机工作模式设置为基准站模式，数据链设置为网络模式。

点击网络设置，增加，根据需要自定义名称，填写用户名、密码、接入点，确定，连接，使仪器登录服务器数据，上发 GPGGA 数据。

依次进行主机设置，仪器设置，基准站设置，选择好基站发射格式，获取基站坐标后，即可启动基站，当发射灯一秒一闪时表示已正常工作。

（2）移动站架设。

手簿通过蓝牙与主机相连，将主机工作模式设置为移动站模式，数据链设置为网络。点击网络设置，增加，根据基准站设置，填写用户名、密码、接入点，确定。连接，使仪器登录服务器接受基站差分数据，接收数据，当移动站达到固定解时，即可进入作业环节。

2）新建工程

新建工程，输入工程名称。进行天线高设置、坐标系统设置。在坐标系统设置时，要选择相应坐标系统，并输入中央子午线。

3）求转换参数

已知测区提供三个平面控制点坐标，进入点测量，分别采集 A_1，A_2，A_3 这 3 个控制点经纬度坐标。

点击输入，求转换参数。增加，输入 A_1 控制点平面坐标，确定后，从坐标管理库选择采集的 A_1 点的经纬度坐标，完成一个控制点数据录入，然后依次完成 A_2、A_3 坐标数据录入，计算，点击保存。

查看水平，高程精度无误后，点击应用，即可将参数值赋值给当前工程。

4）校正向导

单点校正。点击输入，校正向导，选择基准站架设在未知点，输入已知平面坐标 A_3，气泡居中后，点击校正即可完成校正工作。

5）已知点检核

将移动站架设在已知点上，选择点测量，测出已知点坐标，点击查看，若测出坐标与已知点匹配，即可进行测量放样工作。

6）测量功能。

（1）点测量。将移动站置于待测点上，达到固定解并气泡居中后，点击 Enter 键，即可采集坐标数据，双击 B 键，浏览确认。

（2）点放样。选择点放样功能，点击文件，选择对应的坐标文件。选择放样点名，根据屏幕信息选择放样测量，进行测量。利用标记物标定，依次进行，即可完成放样作业。

4. 实习注意事项

（1）GPS 是昂贵的精密仪器，使用时须十分谨慎小心。

（2）当一人操作时，小组其他人员只做言语帮助，严禁多人同时操作一台仪器。

（3）严禁动态 GPS 设备置于一边而无人看管。

（4）严禁坐、压仪器箱。GPS 取放时，应轻拿轻放。观测期间应将仪器箱关闭。

5. 实习成绩评定

实习成绩的评定，按照每个小组成员的实习态度情况、仪器操作情况、完成实习精度情况、实习报告填写规范情况、小组抽查情况五个方面评分。

表 33　实习成绩评定

姓名	实习态度	操作情况	精度情况	实习报告情况	抽查情况	合计

6. 实习报告

表 34　已知点坐标（由教师提供已知点信息）

点名	已知点坐标			检核坐标		
	X	Y	H	X	Y	H

表 35　采集点坐标

点名	已知点坐标			点名	已知点坐标		
	X	Y	H		X	Y	H

第二部分

工程测量综合实训项目

综合实训项目 1　四等水准测量

（实习时间：4 课时）

教学方法：任务介绍—分组实施—教师评价—应用

1. 实训目的和要求

（1）进一步熟悉水准仪的使用和水准尺的读数方法；

（2）练习四等水准测量的观测、记录、计算与检核的方法；

（3）掌握闭合或附合水准路线成果计算。

2. 实训仪器和工具

自动安平水准仪 1 台、脚架 1 副、双面水准尺 1 对、尺垫 2 个、铅笔、计算器、记录板等。

3. 实训内容和步骤

1）实训内容

根据指定的已知高程点完成由若干个待定高程点组成的闭合或附合水准线路的四等水准测量。已知高程点数据由实习指导教师提供，已知点和待定点的位置由实习指导教师现场指认，不同的小组根据实际情况进行闭合或附合水准路线测量。

2）实训步骤

（1）一测站的操作程序：每测站观测时，首先整平圆水准气泡。

① 将望远镜对准后视标尺黑面，依次读取上丝、下丝、中丝；根据上丝下丝读数计算后视距，即

$$后视距=（上丝-下丝）\times 100$$

根据后视距大小大概确定前视点位置并安置前尺。

② 读取后视尺红面中丝读数，验证后视尺黑红面读数，应符合表 37 之精度要求。

③ 将望远镜对准前视标尺黑面，依次读取上丝、下丝、中丝；根据上丝下丝读数计算前视距，即

$$前视距=（上丝-下丝）\times 100$$

前后视距差应符合表 37 之精度要求。

④ 读取前视尺红面中丝读数，验证前视尺黑红面读数，应符合表 37 之精度要求。

⑤ 完成该测站相关计算。

（2）四等水准测量每测站照准标尺分划的顺序可采用“后（黑）—后（红）—前（黑）—前（红）”的观测顺序，也可采用“后（黑）—前（黑）—前（红）—后（红）”的观测顺序。

（3）根据实际点位情况分别设站，依次观测，每站观测应在观测数据验证合格后，方可进行下一站观测。记录完每页观测数据均应进行该页数据检核。

（4）完成外业观测后，应进行计算检核，并检查路线高差闭合差是否满足要求。

（5）绘制水准路线示意图，并将观测数据标注在示意图上。

（6）完成水准路线成果计算，相应参数请参考表 36。

4. 项目技术和精度要求

表 36　四等水准测量的主要技术要求

等级	路线长度/km	水准仪	水准尺	观测次数		附合或环线闭合差	
				与已知点联测	符合或环线	平地/mm	山地/mm
四	≤16	DS3	双面	往返各一次	往一次	$\pm20\sqrt{L}$	$\pm6\sqrt{n}$

表 37　四等水准测量观测的技术要求

等级	水准仪	视线长度/m	前后视距差/m	前后视距累积差/m	视线高度	黑面、红面读数之差/mm	黑面、红面所测高差之差/mm
四	DS3	100	5	10	三丝能读数	3.0	5.0

5. 实训注意事项

（1）每测站观测结束后，应立即计算检核，若有超限则重测该测站，合格后才能迁站。全路线测量完毕，各项限差和高差闭合差均在限差内，即可收测。

（2）记录者在听到观测者的读数后，应回报，经观测者确认后，才能将数据记录到表中。若有超限，应立即告诉观测者重测。

（3）要注意数据记录的规范性，严禁涂改、照抄、转抄数据。数据作废应注明原因。

（4）测量过程中的前尺和后尺应交替前进，顺序切勿搞乱。在记录表中应注明尺号。

（5）测量过程中注意转点位置的尺垫不要移动，待测水准点和已知水准点勿放置尺垫。

6. 实训成绩评定

实训成绩的评定，按照每个小组成员的实训态度情况、仪器操作情况、完成实训精度情况、实训报告记录计算情况、团队协作情况五个方面评分。

表 38　实训成绩评定

姓名	实训态度	仪器操作	精度情况	记录计算	团队协作	合计

7. 实训报告

（1）外业记录表。

表 39　四等水准测量外业观测数据记录表

实习时间：　　　　　　　　天气：　　　　　　　　仪器号

测点编号	点号	后尺 上丝	前尺 上丝	方向及尺号	标尺读数		K+黑−红/mm	高差中数/m	备　注
		后尺 下丝	前尺 下丝		黑面/m	红面/m			
		后距	前距						
		视距差	累加差						
									记录者： 观测者：
									记录者： 观测者：
									记录者： 观测者：
									记录者： 观测者：

本页检核：

（1）所有后视读数（黑红面）之和：

（2）所有前视读数（黑红面）之和：

（3）各测站黑面高差之和：

（4）各测站红面高差之和：

（5）各测站平均高差之和：

续表

测点编号	点号	后尺 上丝 下丝 后距 视距差	前尺 上丝 下丝 前距 累加差	方向及尺号	标尺读数 黑面/m	标尺读数 红面/m	K+黑−红/mm	高差中数/m	备注
									记录者：
									观测者：
									记录者：
									观测者：
									记录者：
									观测者：
									记录者：
									观测者：

本页检核：

（1）所有后视读数（黑红面）之和：

（2）所有前视读数（黑红面）之和：

（3）各测站黑面高差之和：

（4）各测站红面高差之和：

（5）各测站平均高差之和：

续表

<table>
<tr><td rowspan="4">测点编号</td><td rowspan="4">点号</td><td rowspan="2">后尺</td><td>上丝</td><td rowspan="2">前尺</td><td>上丝</td><td rowspan="4">方向及尺号</td><td colspan="2">标尺读数</td><td rowspan="4">K+黑−红/mm</td><td rowspan="4">高差中数/m</td><td rowspan="4">备注</td></tr>
<tr><td>下丝</td><td>下丝</td><td rowspan="3">黑面/m</td><td rowspan="3">红面/m</td></tr>
<tr><td colspan="2">后距</td><td colspan="2">前距</td></tr>
<tr><td colspan="2">视距差</td><td colspan="2">累加差</td></tr>
<tr><td rowspan="4"></td><td rowspan="4"></td><td colspan="2"></td><td colspan="2"></td><td></td><td></td><td></td><td></td><td rowspan="3"></td><td rowspan="4">记录者：
观测者：</td></tr>
<tr><td colspan="2"></td><td colspan="2"></td><td></td><td></td><td></td><td></td></tr>
<tr><td colspan="2"></td><td colspan="2"></td><td></td><td></td><td></td><td></td></tr>
<tr><td colspan="2"></td><td colspan="2"></td><td colspan="5"></td></tr>
<tr><td rowspan="4"></td><td rowspan="4"></td><td colspan="2"></td><td colspan="2"></td><td></td><td></td><td></td><td></td><td rowspan="3"></td><td rowspan="4">记录者：
观测者：</td></tr>
<tr><td colspan="2"></td><td colspan="2"></td><td></td><td></td><td></td><td></td></tr>
<tr><td colspan="2"></td><td colspan="2"></td><td></td><td></td><td></td><td></td></tr>
<tr><td colspan="2"></td><td colspan="2"></td><td colspan="5"></td></tr>
<tr><td rowspan="4"></td><td rowspan="4"></td><td colspan="2"></td><td colspan="2"></td><td></td><td></td><td></td><td></td><td rowspan="3"></td><td rowspan="4">记录者：
观测者：</td></tr>
<tr><td colspan="2"></td><td colspan="2"></td><td></td><td></td><td></td><td></td></tr>
<tr><td colspan="2"></td><td colspan="2"></td><td></td><td></td><td></td><td></td></tr>
<tr><td colspan="2"></td><td colspan="2"></td><td colspan="5"></td></tr>
<tr><td rowspan="4"></td><td rowspan="4"></td><td colspan="2"></td><td colspan="2"></td><td></td><td></td><td></td><td></td><td rowspan="3"></td><td rowspan="4">记录者：
观测者：</td></tr>
<tr><td colspan="2"></td><td colspan="2"></td><td></td><td></td><td></td><td></td></tr>
<tr><td colspan="2"></td><td colspan="2"></td><td></td><td></td><td></td><td></td></tr>
<tr><td colspan="2"></td><td colspan="2"></td><td colspan="5"></td></tr>
<tr><td colspan="12">本页检核：
（1）所有后视读数（黑红面）之和：
（2）所有前视读数（黑红面）之和：
（3）各测站黑面高差之和：
（4）各测站红面高差之和：
（5）各测站平均高差之和：</td></tr>
</table>

续表

测点编号	点号	后尺 上丝	前尺 上丝	方向及尺号	标尺读数		K+黑−红/mm	高差中数/m	备注
		后尺 下丝	前尺 下丝		黑面/m	红面/m			
		后距	前距						
		视距差	累加差						
									记录者：
									观测者：
									记录者：
									观测者：
									记录者：
									观测者：
									记录者：
									观测者：

本页检核：

（1）所有后视读数（黑红面）之和：

（2）所有前视读数（黑红面）之和：

（3）各测站黑面高差之和：

（4）各测站红面高差之和：

（5）各测站平均高差之和：

续表

测点编号	点号	后尺 上丝	前尺 上丝	方向及尺号	标尺读数		K+黑−红/mm	高差中数/m	备注
		后尺 下丝	前尺 下丝		黑面/m	红面/m			
		后距	前距						
		视距差	累加差						
									记录者：
									观测者：
									记录者：
									观测者：
									记录者：
									观测者：
									记录者：
									观测者：

本页检核：

（1）所有后视读数（黑红面）之和：

（2）所有前视读数（黑红面）之和：

（3）各测站黑面高差之和：

（4）各测站红面高差之和：

（5）各测站平均高差之和：

（2）水准路线示意图。

（3）水准测量成果计算表。

表 40　水准测量成果计算表

点号	距离/km	测站数	实测高差/m	改正数/mm	改正后高差/m	高程/m
求和						
计算检核						

计算者：　　　　　　　　　　　　检查者：

综合实训项目 2　全站仪导线及三角高程测量

（实习时间：8 课时）

教学方法：任务介绍—分组实施—教师评价—应用

1. 实训目的和要求

（1）按照图根导线控制测量方法完成外业观测工作；
（2）画出导线控制测量点位分布和观测数据示意图；
（3）用近似平差的方法完成未知点的坐标的计算；
（4）完成三角高程成果计算。

2. 实训仪器和工具

全站仪 1 台，脚架 3 副，单棱镜组 2 套，记录板 1 个，卷尺 1 个，铅笔、计算器等。

3. 实训内容和步骤

由实习指导教师现场为各小组均指定一条不超过 4 个待定点的附合导线或闭合导线，各小组按要求完成导线控制测量工作：

（1）外业用测回法测量导线的转折角（水平角），测量竖直角和水平距离（或其斜距），量取仪器高、棱镜高（目标高）；

（2）绘制导线平面位置示意图和三角高程测量示意图并将外业观测的数据标注在图上；

（3）进行导线平面坐标计算和三角高程计算。

4. 实训技术和精度要求

（1）测角：按照三级光电测距导线每测站水平角观测 1 个测回，$2C$ 值互差不超过 ± 18″；竖直角测量 1 个测回，指标差不超过 ± 1′。

（2）测边：对向观测，记录到毫米，对向观测相同边水平距离不超过 ± 10 mm。

（3）量取仪器高和目标高，量取至毫米，量取两次较差不超过 2 mm，取平均值。

（4）对中精度取 1 mm，观测过程中气泡偏离中央不得超过一格，否则整平后重新观测。

（5）根据观测数据绘制控制网略图。

（6）根据观测数据完成导线控制测量的平差计算。

（7）测量小组的每个成员均应参与测量的每个环节。

（8）观测技术及精度要求：

① 导线边长丈量相对误差 $< 1/3\ 000$。

② 导线角度闭合差 $f_\beta < 40\sqrt{n}$ 秒。

③ 导线全长相对闭合差 $< 1/2\ 000$。

④ 高差闭合差 $f_h < \pm 10\sqrt{n}$ mm。

5. 实训注意事项

（1）每测站观测结束后，应立即计算检核，若有超限则重测该测站，合格后才能迁站。

（2）记录者在听到观测者的读数后，应回报，经观测者确认后，才能将数据记录到表中。若有超限，应立即告诉观测者重测。

（3）要注意数据记录的规范性，严禁涂改、照抄、转抄数据。数据作废应注明原因。

（4）导线测量过程中应注意测站与目标点的对中的精确度。

6. 实训成绩评定

实训成绩的评定，按照每个小组成员的实训态度情况、仪器操作情况、完成实训精度情况、实训报告记录计算情况、团队协作情况五个方面评分。

表 41　实训成绩评定

姓名	实训态度	仪器操作	精度情况	记录计算	团队协作	合计

7. 实训思考问题

（1）回答控制测量的作用。

（2）回答外业测量过程中怎么明确实测的水平角是左角还是右角？

（3）回答如果要求测量左角，实际测量时该如何进行？

（4）回答导线控制测量选点的基本条件。

（5）回答导线平差计算的基本步骤。

8. 实训报告

（1）外业观测记录表。

表 42　外业观测记录表

日期：　　　天气：　　　仪器编号：　　　温度：　　　气压：　　　棱镜常数：

测站点：　　　仪器高：　　　观测者：　　　记录者：

水平角观测表

目标	读数		2C /(″)	半测回方向 /(° ′ ″)	一测回角值 /(° ′ ″)
	盘左/(° ′ ″)	盘右/(° ′ ″)			

竖直角及水平距离观测表

目标	读数		指标差 /(″)	竖直角 /(° ′ ″)	目标高 /m	水平距离 /m
	盘左/(° ′ ″)	盘右/(° ′ ″)				

测站点：　　　仪器高：　　　观测者：　　　记录者：

水平角观测表

目标	读数		2C /(″)	半测回方向 /(° ′ ″)	一测回角值 /(° ′ ″)
	盘左/(° ′ ″)	盘右/(° ′ ″)			

竖直角及水平距离观测表

目标	读数		指标差 /(″)	竖直角 /(° ′ ″)	目标高 /m	水平距离 /m
	盘左/(° ′ ″)	盘右/(° ′ ″)				

测站点：　　　　仪器高：　　　　观测者：　　　　记录者：

水平角观测表

目标	读数		2C / (″)	半测回方向 / (° ′ ″)	一测回角值 / (° ′ ″)
	盘左/ (° ′ ″)	盘右/ (° ′ ″)			

竖直角及水平距离观测表

目标	读数		指标差 / (″)	竖直角 / (° ′ ″)	目标高 /m	水平距离 /m
	盘左/ (° ′ ″)	盘右/ (° ′ ″)				

测站点：　　　　仪器高：　　　　观测者：　　　　记录者：

水平角观测表

目标	读数		2C / (″)	半测回方向 / (° ′ ″)	一测回角值 / (° ′ ″)
	盘左/ (° ′ ″)	盘右/ (° ′ ″)			

竖直角及水平距离观测表

目标	读数		指标差 / (″)	竖直角 / (° ′ ″)	目标高 /m	水平距离 /m
	盘左/ (° ′ ″)	盘右/ (° ′ ″)				

测站点：　　　　仪器高：　　　　观测者：　　　　记录者：

水平角观测表

目标	读数		2C /(″)	半测回方向 /(° ′ ″)	一测回角值 /(° ′ ″)
	盘左/(° ′ ″)	盘右/(° ′ ″)			

竖直角及水平距离观测表

目标	读数		指标差 /(″)	竖直角 /(° ′ ″)	目标高 /m	水平距离 /m
	盘左/(° ′ ″)	盘右/(° ′ ″)				

测站点：　　　　仪器高：　　　　观测者：　　　　记录者：

水平角观测表

目标	读数		2C /(″)	半测回方向 /(° ′ ″)	一测回角值 /(° ′ ″)
	盘左/(° ′ ″)	盘右/(° ′ ″)			

竖直角及水平距离观测表

目标	读数		指标差 /(″)	竖直角 /(° ′ ″)	目标高 /m	水平距离 /m
	盘左/(° ′ ″)	盘右/(° ′ ″)				

测站点：　　　　仪器高：　　　　观测者：　　　　记录者：

水平角观测表

目标	读数		2C /(″)	半测回方向 /(° ′ ″)	一测回角值 /(° ′ ″)
	盘左/(° ′ ″)	盘右/(° ′ ″)			

竖直角及水平距离观测表

目标	读数		指标差 /(″)	竖直角 /(° ′ ″)	目标高 /m	水平距离 /m
	盘左/(° ′ ″)	盘右/(° ′ ″)				

测站点：　　　　仪器高：　　　　观测者：　　　　记录者：

水平角观测表

目标	读数		2C /(″)	半测回方向 /(° ′ ″)	一测回角值 /(° ′ ″)
	盘左/(° ′ ″)	盘右/(° ′ ″)			

竖直角及水平距离观测表

目标	读数		指标差 /(″)	竖直角 /(° ′ ″)	目标高 /m	水平距离 /m
	盘左/(° ′ ″)	盘右/(° ′ ″)				

（2）导线控制网略图。

（3）导线坐标计算表。

表 43　导线坐标计算表

点号	观测角	改正数	改正角	坐标方位角 α	距离 D /m	增量计算值		改正后增量		坐标值		点号
						Δx/m	Δy/m	Δx/m	Δy/m	x/m	y/m	
辅助计算												

（4）三角高程计算成果表。

表 44　三角高程计算成果表

点号	距离/km	实测高差/m	改正数/mm	改正后高差/m	高程/m
求和					

综合实训项目 3　直角坐标法放样及轴线控制桩引测

（实习时间：4 课时）

教学方法：任务介绍—分组实施—教师辅导—评价—应用

1. 实训目的和要求

（1）掌握建立建筑基线的方法；

（2）掌握施工坐标系和测量坐标系的转换；

（3）掌握直角坐标法进行建筑物定位；

（4）掌握建筑物定位测量检核。

2. 实训仪器和工具

每组全站仪 1 台、电池 2 粒、脚架 1 副、支架对中杆 1 副、钢尺 1 把、测量工具包 1 个，学生自备计算器、铅笔、三角板等。

3. 实训内容和步骤

如图 4 各实习小组根据指导教师提供的建筑物设计图纸，在拟建建筑物旁边设计一条不少于 3 个基点的“一”字形基线 123，并提取或计算基线各基点 1、2、3 的设计坐标。利用指导教师提供的已知控制点使用全站仪坐标放样法将该“一”字形基线测设到地面，并检查基线 123 的直线性。

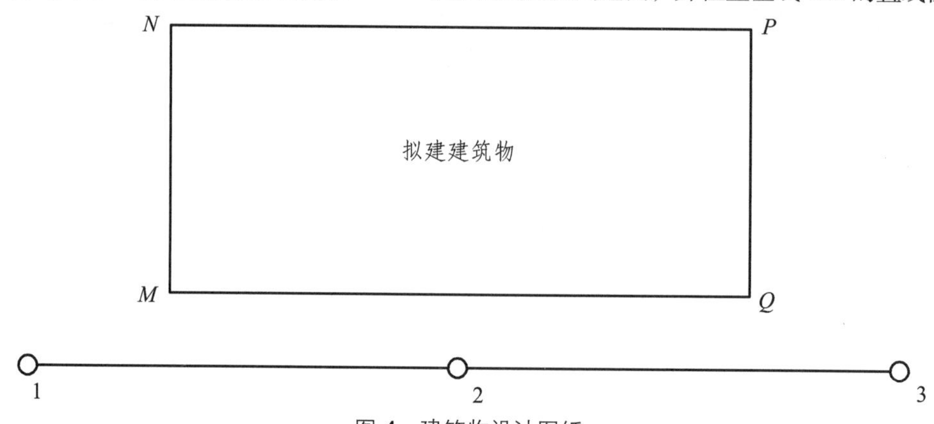

图 4　建筑物设计图纸

拟建建筑的位置根据设置的建筑基线使用直角坐标法放样。

建筑物定位完成后，设置轴线控制桩。

4. 实训注意事项

（1）基线是建筑施工场地控制测量的一种形式，特点是简化了计算，是施工放样简单化，但不是每个工程都适用该方法。

（2）建筑基线应该进行直线性检查，偏差应小于 15″。

（3）为了提高角度测设的精度，可使用盘左盘右分中的方法进行方向定位。

5. 实训成绩评定

实训成绩的评定，按照每个小组成员的实训态度情况、仪器操作情况、完成实训精度情况、实训报告记录计算情况、团队协作情况五个方面评分。

表 45　实训成绩评定

姓名	实训态度	仪器操作	精度情况	记录计算	团队协作	合计

6. 实训思考问题

（1）回答直角坐标法测设点平面位置的优点？

（2）回答直线性检查的步骤。

（3）如果直接利用全站仪坐标放样法进行该建筑物的定位，该如何实施？

7. 实训报告

（1）利用现场的已知控制点，完成建筑基线点的放样。

测站点点名及坐标为______________________________；

后视点点名及坐标为______________________________。

表 46　建筑基线点设计坐标及放样记录表

放样点（基线点）	*X*	*Y*	放样点对应的方位角	放样点对应的水平距离
1 号点				
2 号点				
3 号点				

（2）检查建筑基线的直线性。

① 仪器架设在 2 号点，测得的∠123 角度为____________________。

② 是否满足直线性要求？____________________（是或否）。

③ 若不满足要求，计算 1、2、3 号点纠正距离为__________________，按计算的纠正距离进行点位纠正。

（3）施工坐标系的建立。

若施工坐标系以 1 号点为坐标原点，1 号点指向 3 号点为 *X* 轴方向，计算建筑物四个房角点在该施工坐标系下的坐标。

表 47　四个房角点的坐标

房角点	*X*	*Y*
M		
N		
P		
Q		

（4）叙述直角坐标法进行建筑物定位的过程，以及设置轴线 *MN*、*NP*、*PQ*、*QM* 的轴线控制桩过程。

（5）建筑物定位测量检核。

① 角度检查。

表 48　角度检查表

仪器架设在 M 点瞄准 N、Q 用测回法测量 $\angle NMQ$

<table>
<tr><th>测站</th><th>竖盘位置</th><th>目标</th><th>水平度盘读数
/ (°　′　″)</th><th>半测回角值</th><th>一测回平均角值
/ (°　′　″)</th></tr>
<tr><td rowspan="4">M</td><td rowspan="2">左</td><td>N</td><td></td><td rowspan="2"></td><td rowspan="4"></td></tr>
<tr><td>Q</td><td></td></tr>
<tr><td rowspan="2">右</td><td>N</td><td></td><td rowspan="2"></td></tr>
<tr><td>Q</td><td></td></tr>
</table>

仪器架设在 P 点瞄准 Q、N 用测回法测量 $\angle QPN$

<table>
<tr><th>测站</th><th>竖盘位置</th><th>目标</th><th>水平度盘读数
/ (°　′　″)</th><th>半测回角值</th><th>一测回平均角值
/ (°　′　″)</th></tr>
<tr><td rowspan="4">P</td><td rowspan="2">左</td><td>Q</td><td></td><td rowspan="2"></td><td rowspan="4"></td></tr>
<tr><td>N</td><td></td></tr>
<tr><td rowspan="2">右</td><td>Q</td><td></td><td rowspan="2"></td></tr>
<tr><td>N</td><td></td></tr>
</table>

② 距离检查。

MN 边设计距离为____________________，实测距离为____________________，相对误差为____________________；

PQ 边设计距离为____________________，实测距离为____________________，相对误差为____________________；

NP 边设计距离为____________________，实测距离为____________________，相对误差为____________________；

QM 边设计距离为____________________，实测距离为____________________，相对误差为____________________。

③ 是否满足建筑物定位测量要求（角度偏差 < 60″，距离偏差 < 1/3 000）。若不满足，重新进行建筑物定位测量，直至检查通过偏差要求。

综合实训项目 4　场地平整土方测量与计算

（实习时间：4 课时）

教学方法：任务分解—分组实施—教师辅导—评价—应用

1. 实训目的和要求

（1）熟悉全站仪测量坐标的方法；

（2）熟悉方格网布设的方法；

（3）掌握方格网高程测量的方法。

2. 实训仪器和工具

全站仪 1 台、脚架 1 副、支架对中杆 1 根、棱镜 1 个、铅笔、计算器、记录板等。

3. 实训内容和步骤

由实习指导教师选定一相对开阔的区域，长宽均大于 30 m，现场至少指定两个已知平面控制点和 1 个高程点，提供一个或多个平场标高，各实习小组应完成以下内容：

（1）将实习指导教师设计的平场方格网（5 m×5 m）测设到指定区域，并用石灰粉做好标记。

（2）用全站仪或水准仪，将各网点的高程值测量出来，并记录在原始地貌方格网上。

（3）计算将该区域平场至实习指导教师提供的设计标高上，计算区域的填挖方量是多少。建议用南方 CASS 软件计算。

4. 实训注意事项

（1）小组共同协作完成该实训项目外业部分，实习结束后按小组提交实训外业测量报告。每个小组成员均应参与方格网点的测设、标定、高程测量等工作，并且小组每个成员均应提交填挖方计算图。

（2）各格网点的高程测量可以使用全站仪测量，也可使用水准仪测量。

（3）将平场方格网的各格网点用十字在地面标定出来。

（4）各格网点的高程测量至厘米。

5. 实训思考问题

（1）方格网布设位置不同，计算的填挖方量是否相等?

（2）根据实训操作体会，哪些因素会影响到各格网点的高程值变大（或变小）?

6. 实训成绩评定

实训成绩的评定，按照每个小组成员的实训态度情况、仪器操作情况、完成实训精度情况、实训报告记录计算情况、团队协作情况五个方面评分。

表 49　实训成绩评定

姓名	实训态度	仪器操作	精度情况	记录计算	团队协作	合计

7. 实训报告

（1）原始地貌高程。

（2）土方计算图。

综合实训项目 5　数字化测图

（实习时间：20 课时）

1. 实训目的和要求

（1）熟悉全站仪数据采集的方法；
（2）熟悉地物地貌立尺点选择；
（3）地形图草图绘制要点；
（4）全站仪数据传输；
（5）地形图编辑出图。

2. 实训仪器和工具

全站仪 1 台，脚架 2 副，对中杆 1 根，大棱镜 1 个、小棱镜 1 个，2 m 钢卷尺 1 把；安装有南方 CASS 9.1 数字测图软件的计算机一台。

3. 实训内容和步骤

1）实训内容

完成规定测区 1∶500 地形图的测绘。测区（约 250 m × 150 m）由实习指导教师指定，并提供 1 个控制点、1 个公共定向点和 1 个检查点。

2）实验步骤

（1）外业：碎部测量（数据采集）。
① 在全站仪中新建文件，并利用测站点和后视点进行定向。
② 数据采集：碎部点测量、存储，并绘制“草图”。
（2）内业：CASS 成图。
① 数据传输：将坐标数据文件“*.dat”从全站仪导出至电脑。
② CASS 展点：打开 CASS，展点。
③ CASS 绘图：绘制地物和等高线。
④ 图形检查：检查是否遗漏地形要素，如遗漏，立即补测。

⑤ 图形编辑整饰：图名、图框、接图表、图例、比例尺、指北针、注记、填充颜色或图案、制图单位、坐标系统、高程系、测图日期、绘图员、测量员、审核员等。

4. 实训注意事项

地形图测绘中可参考以下规范：

（1）《1∶500　1∶1 000　1∶2 000 外业数字测图技术规程》（GB/T 14912—2017）。

（2）《国家基本比例尺地图图式 第一部分 1∶500　1∶1 000　1∶2 000 地形图图式》（GB/T 20257.1—2017）。

（3）《工程测量规范》（GB 50026—2007）。

5. 实训成绩评定

实训成绩的评定，按照每个小组成员的实训态度情况、仪器操作情况、完成实训精度情况、记录计算情况、团队协作情况五个方面评分。

质量评定标准：数字化测图中须重点检查地形图内容的完整性、重点地物坐标的准确性及地形图符号和注记的正确使用情况。

表 50　实训成绩评定

姓名	实训态度	仪器操作	精度情况	记录计算	团队协作	合计

综合实训项目 6　道路纵、横断面测量

（实习时间：4 课时）

教学方法：演示—分组练习—教师辅导—评价—应用

1. 实训目的和要求

（1）熟悉纵断面的概念；

（2）掌握水准仪及全站仪道路纵、横断面测量的方法。

2. 实训仪器和工具

（1）高程测定设备：自动安平水准仪 1 台、脚架和水准尺各 1 副、50 m 卷尺 1 把；

（2）平面坐标测定设备：全站仪 1 台、脚架 1 副、支架对中杆 1 副、棱镜 1 个、铅笔、计算器、记录板等。

3. 实训内容和步骤

1）实训内容

（1）选定线路，量距打桩。

① 在有坡度变化的地区选定线路位置。

② 在选定线路上用标杆定线，用卷尺量距每 10 m 打一桩，按规定的编号方法编号（如 K1 + 010，K1 + 020，K1 + 030 等），并在坡度变化处打加桩。

（2）道路平面位置测量及中线测量；

（3）纵断面高程测量；

（4）横断面测量；

（5）CASS 纵断面图绘制。

2）具体步骤

（1）基平测量。

由实训指导教师指定待测量路线，在路线起点和终点处各选定一水准点并给出起始点高程。用往、返测法测定两水准点的高差。

（2）纵断面（中平）测量。

① 在第一个水准点上立水准尺，并在线路前进方向上适当位置选择一个转点，在转点位置上放尺垫，在尺垫上立水准点。

② 在两水准尺之间，安置水准仪。读取水准尺上的读数，分别记在后视前视栏内。

③ 将后尺依次立在 K1 + 010，K0 + 020……各桩上，读数记在中间视栏内。

④ 仪器移至下一站，原前尺变为后视尺，原后视尺立在下一个适当位置的转点上，按上述继续向前观测，直至闭合到下一水准点上。

⑤ 当场计算两水准点间的高差，与基平测量结果相比，高差闭合差应满足五等水准测量的要求，完成记录表。

（3）横断面测量。

① 横断面方向的确定。

采用方向架法或测定左右边桩法来确定。

② 测量方法。

采用全站仪对边测量方法。在中桩测设后，移动棱镜到横断面方向上某变坡点处，全站仪照准棱镜后，利用全站仪对边测量功能的两种模式：

MLM-1（A—B，A—C）：测量 A—B，A—C，A—D……

MLM-2（A—B，B—C）：测量 A—B，B—C，C—D……

测量横断面上任意两点之间的水平距离和高差，并记录到横断面测量记录表中。

4. 实训注意事项

（1）无论是基平测量、中平测量和还是横断面测量，都要按照精度要求衡量，在精度的要求之内说明测量精度符合，否则须重测，直到达到要求为止。

（2）中平测量中，中视点的高程是为了绘制纵断面图，精度要求不高，一般只读到厘米位。

5. 实训成绩评定

实训成绩的评定，按照每个小组成员的实训态度情况、仪器操作情况、完成实训精度情况、实训报告记录填写规范情况、团队协作情况五个方面评分。

表 51　实训成绩评定

姓名	实训态度	仪器操作	精度情况	记录计算	团队协作	合计

6. 实训报告

日期：　　　　　　　　天气：　　　　　　　　仪器编号：

姓名：　　　　　　　　组别：　　　　　　　　学号：

表 52　道路纵断面水准（中平）测量记录表

桩号	水准尺读数/m			视线高/m	高程
	后视	中视	前视		

表 53　道路横断面测量记录

高差/m左侧 距离/m	高程/m 中桩桩号	高差/m右侧 距离/m

综合实训项目 7　道路中线测设

（实习时间：4 课时）

教学方法：演示—分组练习—教师辅导—评价—应用

1. 实训目的和要求

（1）理解道路中线的概念；

（2）掌握全站仪道路中线测量的方法。

2. 实训仪器和工具

全站仪 1 台、脚架 1 副、支架对中杆 1 根、棱镜 1 个、铅笔、记录板等。

3. 实训内容和步骤

1）实训内容

根据控制点信息，将图纸上设计好的道路中线的坐标测设到地面上，并做好标记，其中控制点由实训指导教师指定，中线坐标由实验指导教师提供。

2）具体步骤

（1）坐标数据导入。全站仪提供两种数据导入方式，键盘输入或通过 PC 机从传输电缆导入仪器内存。

（2）架站，将全站仪架设在已知控制点上，并进行测站点设置。

（3）设置后视点，确定方位角。（瞄准后视方向后按确定）。

（4）输入或调用所需的中线放样坐标，开始放样。

（5）放样过程中主要两点：角度差 dHR 调为零，距离差 dHD 测为零。

（6）在地面将放样位置做好标记。

4. 实训注意事项

（1）仪器使用时须谨慎小心，各螺旋要慢慢转动，转到头切勿再继续转到，水平和竖直制动螺旋处于制动状态时，切勿强制旋转仪器照准部和望远镜。

（2）当一人操作时，小组其他人员只做言语帮助，严禁多人同时操作一台仪器。

（3）严禁将仪器置于一边而无人看管。

（4）严禁坐、压仪器箱。全站仪取放时，应轻拿轻放。观测期间应将仪器箱关闭。

5. 实训成绩评定

实训成绩的评定，按照每个小组成员的实训态度情况、仪器操作情况、完成实训精度情况、实训报告记录计算情况、小组抽查情况五个方面评分。

表 54　实训成绩评定

姓名	实训态度	仪器操作	精度情况	记录计算	团队协作	合计

六、实习报告

日期：　　　　　　　　天气：　　　　　　　　仪器编号：

温度：　　　　　　　　气压：　　　　　　　　棱镜常数：

姓名：　　　　　　　　组别：　　　　　　　　学号：

表 55　全站仪道路中线放样记录表

<table>
<tr><td colspan="3">测站点坐标</td><td colspan="5">X：　　　　Y：　　　　H：</td></tr>
<tr><td colspan="3">后视点坐标</td><td colspan="5">X：　　　　Y：　　　　H：</td></tr>
<tr><td colspan="3">后视方位角</td><td colspan="5"></td></tr>
<tr><td rowspan="2">桩号</td><td colspan="2">设计坐标</td><td colspan="2">放样参数</td><td colspan="2">点位精度</td><td rowspan="2">操作者</td></tr>
<tr><td>X</td><td>Y</td><td>坐标方位角</td><td>距离</td><td>角度偏差</td><td>距离偏差</td></tr>
<tr><td></td><td></td><td></td><td></td><td></td><td></td><td></td><td></td></tr>
<tr><td></td><td></td><td></td><td></td><td></td><td></td><td></td><td></td></tr>
<tr><td></td><td></td><td></td><td></td><td></td><td></td><td></td><td></td></tr>
<tr><td></td><td></td><td></td><td></td><td></td><td></td><td></td><td></td></tr>
<tr><td></td><td></td><td></td><td></td><td></td><td></td><td></td><td></td></tr>
<tr><td></td><td></td><td></td><td></td><td></td><td></td><td></td><td></td></tr>
<tr><td></td><td></td><td></td><td></td><td></td><td></td><td></td><td></td></tr>
<tr><td></td><td></td><td></td><td></td><td></td><td></td><td></td><td></td></tr>
<tr><td></td><td></td><td></td><td></td><td></td><td></td><td></td><td></td></tr>
<tr><td></td><td></td><td></td><td></td><td></td><td></td><td></td><td></td></tr>
<tr><td></td><td></td><td></td><td></td><td></td><td></td><td></td><td></td></tr>
<tr><td></td><td></td><td></td><td></td><td></td><td></td><td></td><td></td></tr>
<tr><td></td><td></td><td></td><td></td><td></td><td></td><td></td><td></td></tr>
<tr><td></td><td></td><td></td><td></td><td></td><td></td><td></td><td></td></tr>
<tr><td></td><td></td><td></td><td></td><td></td><td></td><td></td><td></td></tr>
<tr><td></td><td></td><td></td><td></td><td></td><td></td><td></td><td></td></tr>
<tr><td></td><td></td><td></td><td></td><td></td><td></td><td></td><td></td></tr>
<tr><td></td><td></td><td></td><td></td><td></td><td></td><td></td><td></td></tr>
<tr><td></td><td></td><td></td><td></td><td></td><td></td><td></td><td></td></tr>
<tr><td></td><td></td><td></td><td></td><td></td><td></td><td></td><td></td></tr>
</table>

注：中线设计坐标由指导教师给出。

综合实训项目 8　圆曲线测设放样

（实习时间：4 课时）

教学方法：演示—分组练习—教师辅导—评价—应用

1. 实训目的和要求

（1）掌握圆曲线要素的计算方法；
（2）掌握圆曲线主点里程的计算方法；
（3）掌握偏角法进行圆曲线的测设的放样参数计算和测设方法；
（4）掌握极坐标法进行圆曲线放样的细部点放样数据计算和测设方法。

2. 实训仪器和工具

每组全站仪 1 台、电池 2 粒、脚架 1 副、支架对中杆 1 根、钢尺 1 把、测量工具包 1 个，学生自备计算器、铅笔、三角板。

3. 实训内容和步骤

1）实训内容

由实训指导教师现场指定带测设圆曲线的交点和某转点的位置，具体要求如下：
（1）教师提供两交点位置及桩号、圆曲线半径、偏角大小；
（2）计算圆曲线的元素及各主点的里程；
（3）利用偏角法和切线支距法，按间距 20 m 打桩。

2）具体步骤

（1）圆曲线主点的测设。

将全站仪架设在各自的交点桩（JD）上，对中调平，瞄准各自的转点（ZD）后视归零，在视线瞄准的方向上量水平距离 T，定出 ZY 点；旋转（$180° - \alpha$）/2，量水平距离 E，测设出 QZ 点；再旋转（$180° - \alpha$）/2，量水平距离 T，测设出 YZ 点。

（2）偏角法圆曲线细部点的测设。

将仪器安置在 ZY（或 YZ）点上，后视 JD 点水平度盘归零，顺（逆）时针旋转偏角 ϕ_i，量取水平距离 L_i，定出各细部点；具体数据参加各组计算的数据。

（3）极坐标法圆曲线细部点的测设。

极坐标法是以 *ZY*（或 *YZ*）点为坐标原点，以 *ZY*（或 *YZ*）点指向 *JD* 的方向为 *X* 轴，以 *ZY*（或 *YZ*）点指点圆心的方向为轴，建立直角坐标系，计算圆曲线各细部点的坐标见表。基于此极坐标法圆曲线细部点的测设就是以 *ZY*（或 *YZ*）点坐标（0，0）为测站点，以 *JD*（*T*，0）为后视点，以计算的各细部点为放样点，利用全站仪坐标放样法进行圆曲线的测设。检核极坐标法和偏角法放样位置是否一致。

4. 实训思考问题

（1）回答极坐标法放样时，依据的直角坐标系是怎样建立的？

（2）回答测设圆曲线主点的步骤和方法。

（3）思考利用全站仪坐标放样法，将全站仪安置在国家测量坐标系下的控制点上，如何进行圆曲线的放样？

5. 实习成绩评定

实训成绩的评定，按照每个小组成员的实训态度情况、仪器操作情况、完成实训精度情况、实训报告记录计算情况、团队协作情况五个方面评分。

表 56　实训成绩评定

姓名	实训态度	仪器操作	精度情况	记录计算	团队协作	合计

6. 实训报告

（1）计算圆曲线元素：

切线长为____；

曲线长度为____；

外矢距为____；

切曲差为____。

（2）主点里程计算：

ZY 点里程为____；

YZ 点里程为____；

QZ 点里程为____；

检核为____。

（3）偏角法圆曲线细部点放样数据。

表 57　偏角法圆曲线细部点放样数据

点号	桩号	相邻桩点弧长	偏角	弦长

（4）极坐标法圆曲线细部点放样数据。

表 58　极坐标法圆曲线细部点放样数据

点号	桩号	各桩至 ZY 或 YZ 的曲线弧长	圆心角	X	Y

第三部分

工程测量习题

配套习题1　概述

（1）什么是工程测量学？

（2）工程测量学的任务有哪些？

（3）什么是建筑工程测量？建筑工程测量的基本任务是什么？

（4）测绘学的二级学科有哪些？

配套习题2　测量基础知识

1. 填空题

（1）测量中的基准面是____________，基准线是____________。

（2）工程测量的主要任务包括____________和____________。

（3）测量的基本工作包括____________，____________和____________。

（4）独立平面直角坐标系的原点一般选在测区的____________。

（5）高斯平面直角坐标系的横轴是____________的投影。

（6）我国现阶段使用的高程基准是____________，该基准对应的水准原点高程为____________。

（7）测量坐标系中横轴为____________轴，纵轴为____________轴，坐标系的象限编号是按照____________方向标注的。

（8）地面点沿铅垂线到大地水准面的距离称为____________。

（9）地面两点之间的高程之差称为____________。

（10）测量工作的基本原则是____________，____________和____________。

（11）测量误差的来源包括____________、____________和____________。

（12）按性质来分，测量误差可分为____________和____________。

（13）在一定的观测条件下，误差的绝对值有一定的限值，或者说，超出一定限值的误差，其出现的概率为零。该条性质称为偶然误差的____________。

（14）绝对值相等的正负误差出现的概率相同，称为偶然误差的____________。

（15）一组误差分布的密集与离散的程度称为____________。

2. 简答题

（1）测量中常用的坐标系有哪些？

（2）什么是高斯投影？高斯平面坐标系是如何建立的？

（3）什么是绝对高程？什么是相对高程？两点间的高差值应该如何计算？

（4）测量中的平面直角坐标系和数学中的坐标系有什么不同？

（5）中误差和相对误差是如何定义的？

（6）x、y、z 的关系式为 $z=3x+4y$，现独立观测 x、y，它们的中误差分别为 3 mm 和 4 mm，求 z 的中误差。

配套习题3　高程测量

1. 填空题

（1）高程测量根据所使用的仪器和施测方法，可分为＿＿＿＿＿＿、＿＿＿＿＿＿、＿＿＿＿＿＿和＿＿＿＿＿＿。

（2）水准测量中转点的作用是＿＿＿＿＿＿。

（3）已知 A 点的高程为 267.330 m，B 点高程为 250.779 m，则 h_{AB} 为＿＿＿＿＿＿。

（4）在水准测量中设 A 为后视点，B 为前视点，并测得后视点读数为 1.124 m，前视读数为 1.428 m，则 B 点比 A 点＿＿＿＿＿＿（高／低）。

（5）从已知水准点 A 出发，经过几个待测高程点 1、2、3，最后联测另外一个已知高程点 B 点，该水准路线称为＿＿＿＿＿＿。

（6）附合水准路线的高差闭合差 f_h 等于＿＿＿＿＿＿。

（7）闭合水准路线的高差闭合差 f_h 等于＿＿＿＿＿＿。

（8）在检查水准仪的 i 角时，先将仪器置于两点中间，用双仪高法测得两点之间的高差不超过＿＿＿＿＿＿时，可以取其平均值作为两点高差的正确值。

（9）自水准点 E（$H_E = 300.000$ m）经 12 个站测至待定点 K，得 $h_{EK} = +2.021$ m；再由 K 点经 16 个站测至另一水准点 F（$H_F = 306.269$ m），得 $h_{KF} = +4.220$ m，则平差后的 K 点高程为＿＿＿＿＿＿。

（10）单一水准路线包括＿＿＿＿＿＿、＿＿＿＿＿＿和＿＿＿＿＿＿。

2. 简答题

（1）自动水准仪由哪些主要部分构成？各起什么作用？

（2）在测量望远镜瞄准目标时，为什么会产生视差？如果存在视差，如何消除？

（3）进行 i 角误差检查和校正时，仪器首先放在相距 80 m 的 AB 两桩中间，用双仪器高法测的两点高差为 + 0.204 m，然后将仪器移到 B 点附近，测得 A 尺读数为 1.695 m，B 尺读数为 1.466 m。请问根据检验结果，是否需要校正？

（4）试描述水准测量的基本原理。

（5）水准测量测站检核有哪些方法？其作用是什么？

（6）A 点高程为 200.232 m，若 A 点为后视点，后视读数为 1.123 m，B 点为前视点，前视读数为 2.523 m，请问 AB 两点高差是多少？哪点更高？B 点高程为多少？视线高为多少？

（7）水准测量中保证前后视距相等，可消除哪些误差？

（8）水准仪有哪些轴线？应满足什么关系？

（9）闭合水准路线观测成果如下表所列，请完成表 59 的计算。

表 59　闭合水准路线观测成果

点号	距离/km	实测高差/m	改正数/mm	改正后高差/m	高程/m
BMA					245.515
	1.2	2.224			
1					
	2.5	1.424			
2					
	1.5	− 1.787			
3					
	1	− 1.714			
4					
	2	− 0.108			
BMA					245.515
Σ					

（10）图 5 是一附合水准路线等外水准测量示意图，A、B 为已知高程的水准点，$H_A = 65.376$ m，$H_B = 68.623$ m，1、2、3 为待定高程的水准点。试完成该测量的内业表格计算（表 60）。

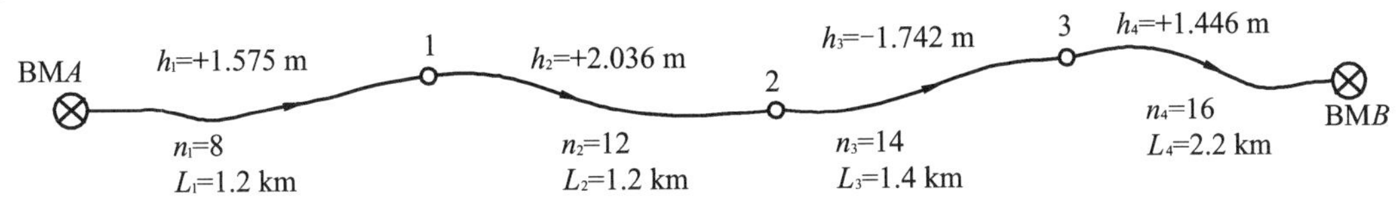

图 5　某附合水准路线等外水准测量示意图

表 60　某测量的内业表格

点号	距离/km	测站数	实测高差/m	改正数/mm	改正后高差/m	高程 /m	点号	备注
1	2	3	4	5	6	7	8	9
BMA						65.376	BMA	
1							1	
2							2	
3							3	
BMB						68.623	BMB	
Σ								
辅助计算								

（11）表 61 为某三四等水准测量的观测记录，请完成表格空白处。（$K_1 = 4\,687$，$K_2 = 4\,787$）

表 61　某三四等水准测量的观测记录

测站编号	点号	后尺 上丝 / 下丝 / 后距 / 视距差	前尺 上丝 / 下丝 / 前距 / 累积差	方向及尺号	水准尺读数 黑面	水准尺读数 红面	K＋黑－红 /mm	高差中数 /m
1	A_1—TP_1	1.638	1.606	后 1	1.542	6.229		
		1.451	1.418	前 2	1.513	6.300		
				后－前				
2	TP_1—TP_2	1.648	1.594	后 2	1.577	6.365		
		1.504	1.453	前 1	1.523	6.212		
				后－前				
3	TP_2—TP_3	1.619	1.583	后 1	1.538	6.224		
		1.455	1.417	前 2	1.500	6.289		
				后－前				
计算检核	后视距之和： 前视距之和： 视距累积差： 测站总数： 视距总和：			所有后视读数之和： 所有前视读数之和： 所有黑面高差之和： 所有红面高差之和： 所有高差中数之和：				

（12）在测站 A 进行视距测量，仪器高 $i = 1.45$ m，望远镜盘左照准 B 点标尺，中丝读数 $v = 2.56$ m，视距间隔为 $l = 0.586$ m，竖盘读数 $L = 93°28'$，求水平距离 D 及高差 h。

配套习题 4　点平面位置的确定

1. 填空题

（1）测量工作中的标准方向有____________、____________和____________三种，对应的方位角为____________、____________和____________。

（2）正反坐标方位角互差____________。

（3）直线 AB 坐标方位角为 192°，则其象限角为____________，直线 BA 坐标方位角为____________。

（4）坐标方位角是以____________为标准方向，顺时针转到测线的夹角。

（5）两点 C、D 间的坐标增量，Δx 为正，Δy 为负，则直线 CD 的坐标方位角位于第__________象限。

（6）设 AB 距离为 120.23 m，方位角为 121°23′36″，则 AB 的 Δy 为____________m。

（7）地面上两相交直线之间的夹角在水平面上的投影称为____________，同一铅垂面内观测视线与水平线之间的夹角称为____________。

（8）甲、乙两段水平距离，甲段往测距离是 300.152 m，返测距离是 300.135 m。乙段往测距离是 150.865 m，返测距离是 150.855 m，请问甲、乙两段水平距离的丈量精度___________段高。

（9）观测水平角时，观测方向为两个方向时，其观测方法采用____________法测角，三个以上方向时采用____________法测角。

（10）用经纬仪观测水平角时，尽量照准目标的底部，其目的是为了消除____________误差对测角的影响。

2. 简答题

（1）什么叫坐标正算？什么叫坐标反算？

（2）已知 A、B 两点的坐标为 A（200.000，250.000），B（290.000，370.000），试计算 AB 边长及 AB 边的坐标方位角。

（3）如图 6 所示，支导线计算的起算数据为：M（285.189，287.354），N（271.546，886.752）。观测数据为$\beta = 84°26'24''$，计算 MN 和 NP 边的坐标方位角。

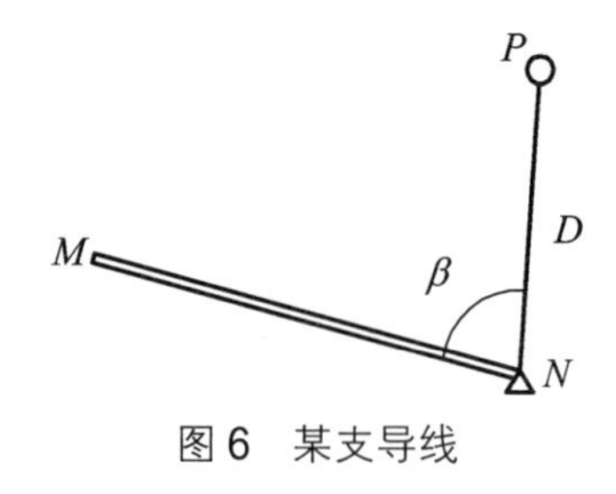

图 6　某支导线

（4）观测水平角时，为什么要用盘左、盘右观测？盘左、盘右观测是否能消除因竖轴倾斜引起的水平角测量误差？

（5）竖盘指标差是什么？观测竖直角时，指标差该如何消除？

（6）简述经纬仪使用步骤。

（7）用钢尺丈量某段距离，往测为 69.369 m，返测为 69.333 m，则相对误差为多少？

（8）计算完成表 62 中水平角的计算。

表 62　水平角计算表

测站	竖盘位置	测点	水平度盘读数	半测回角值	一测回角值	各测回平均值
O	左	A	00°00′00″			
		B	67°54′36″			
	右	A	180°00′40″			
		B	247°55′10″			
	左	A	90°00′30″			
		B	157°55′06″			
	右	A	270°00′36″			
		B	337°55′16″			

（9）用 DJ2 经纬仪按全圆测回法观测水平角，盘左、盘右的读数填于下表中，列表计算一测回之角值（表 63）。

表 63　全圆方向观测记录表

测站	目标	水平度盘读数		$2C=L+R\pm180°$ /（″）	平均读数 =（$L+R\pm180°$）/2 /（°　′　″）	归零后方向值 /（°　′　″）
		盘左 L /（°　′　″）	盘右 R /（°　′　″）			
O						
	A	00 00 22	180 00 18			
	B	60 11 16	240 11 09			
	C	131 49 38	311 49 21			
	D	167 34 38	347 34 06			
	A	00 00 27	180 00 13			

（10）计算完成表 64 中竖直角的计算。

表 64　竖直角计算表

测站	目标	竖盘位置	竖直度盘读数	指标差/（″）	半测回竖直角	一测回竖直角	备注
O	A	左	95°23′00″				盘左时竖直度盘显示为 90°
		右	264°36′42″				
	B	左	81°12′40″				
		右	278°46′54″				

（11）已知控制点 A、B 及待定点 P 的坐标如表 65 所示。

表 65　控制点记录表

点名	X/m	Y/m	方向	方位角/（°　′　″）	平距/m
A	3189.126	2102.567			
B	3185.165	2126.704	A—B		
P	3200.506	2124.304	A—P		

试在表 65 中计算 A—B 的方位角，A—P 的方位角，A—P 的水平距离。

配套习题 5　平面控制测量

1. 填空题

（1）按照测量的内容，控制测量分为____________和____________。

（2）导线可以分为____________、____________和____________三种布设形式。

（3）导线测量的外业工作包括踏勘选点及建立标志、__________、_________和测连接角。

（4）导线从已知控制点和已知方向出发，经过待求点最后仍回到起点，形成一个闭合多边形，这样的导线称为____________。

（5）闭合导线的角度闭合差为____________。

（6）闭合导线 x 方向的坐标增量闭合差为 0.011 m，y 方向的闭合差坐标增量为 0.025 m，则全长闭合差为____________。

（7）附合导线的角度闭合差理论值为____________。

（8）交会法分为角度交会和___________，其中角度交会又分为___________、___________和___________。

2. 简答题

（1）导线的布设形式有哪些？导线点应如何选择？

（2）如图 7，支导线计算的起算数据为：M（285.189，287.354），N（271.546，886.752）。观测数据为$\beta = 84°26'24''$，$D = 218.438$ m。计算 P 点的坐标值。

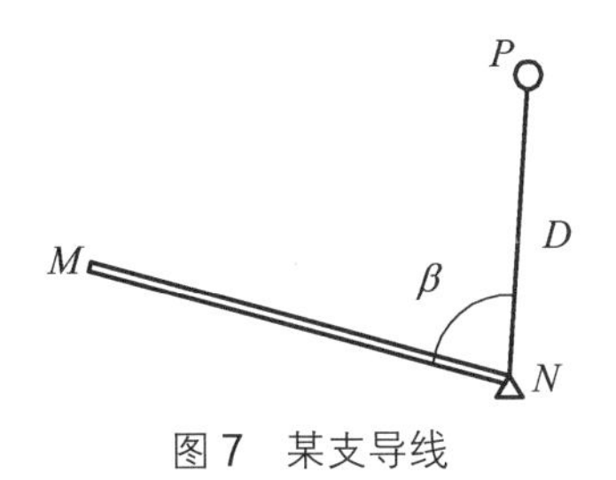

图 7　某支导线

（3）导线坐标计算的一般步骤是什么？

（4）如图 8 所示，已知 1 点的坐标 $X_1 = 500.000$ m，$Y_1 = 500.000$ m，导线各边长，各内角和起始边的方位角 α_{12} 如图所示，试计算 2、3、4、5 各点的坐标。

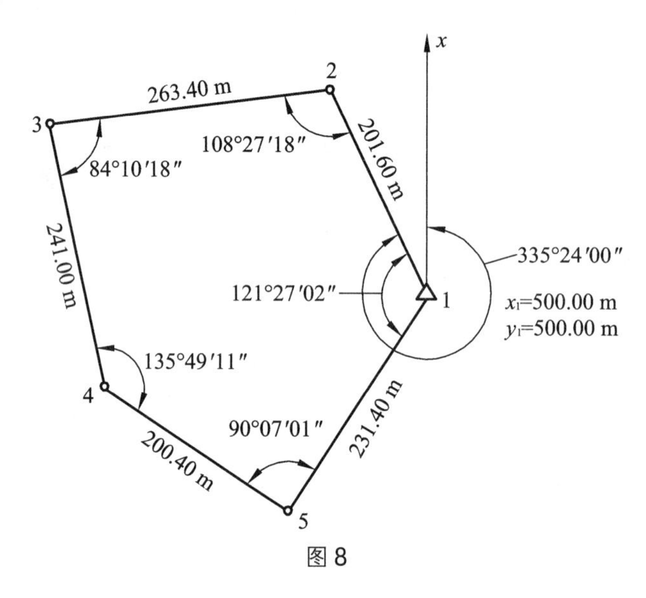

图 8

（5）如图 9 所示，已知 B、M 点的坐标，起始边 AB 的坐标方位角 α_{AB}，终边 MN 的方位角 α_{MN} 及观测的各左角，试计算 1、2、3 点的坐标。

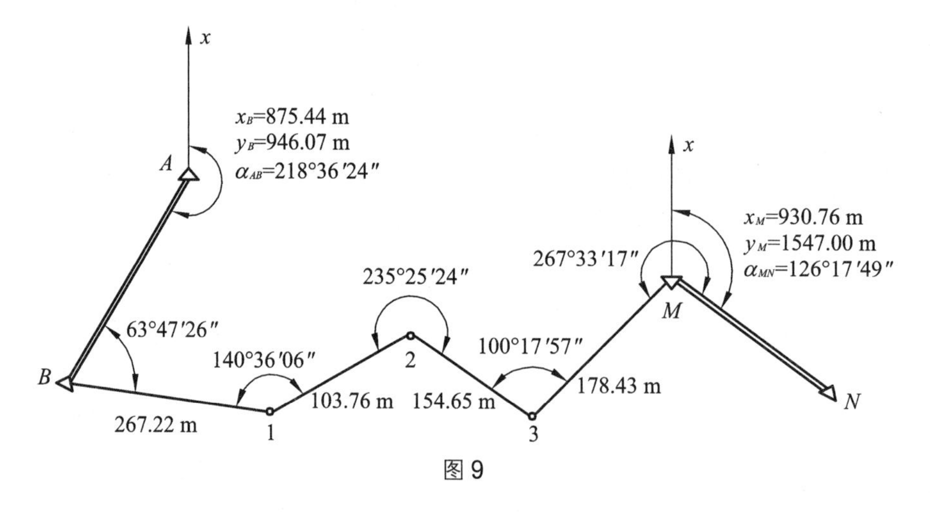

图 9

（6）角度前方交会观测数据如图 10 所示，已知 $x_A = 1112.342$ m、$y_A = 351.727$ m、$x_B = 659.232$ m、$y_B = 355.537$ m、$x_C = 406.593$ m、$y_C = 654.051$ m，求 P 点坐标。

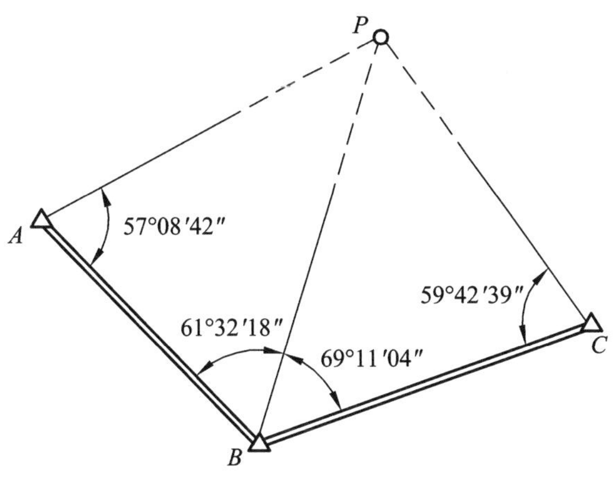

图 10　角度前方交会示意图

（7）距离交会观测数据如图 11 所示，已知 $x_A = 1223.453$ m，$y_A = 462.838$ m，$x_B = 770.343$ m，$y_B = 466.648$ m，$x_C = 517.704$ m，$y_C = 765.162$ m，求 P 点坐标。

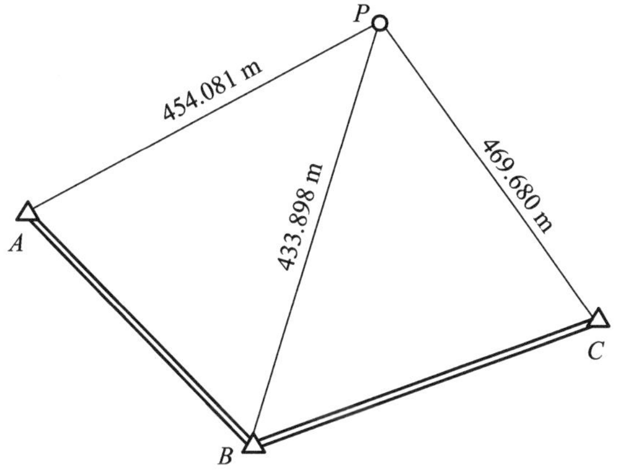

图 11　距离交会示意图

配套习题 6　施工测设的基本工作

1. 名词解释

测定
测设

2. 简答题

（1）用钢尺往、返丈量了一段距离，其平均值为 257.46 m，要求量距的相对误差为 1/10 000，问往、返丈量这段距离的绝对误差不能超过多少？

（2）A、B 为控制点，其坐标数据如图 12 所示。控制点 A 和 B 的连线与建筑物外墙轴线平行，另外建筑两个房角点（1 和 3）坐标标注在图上，请根据这些条件完成以下要求：

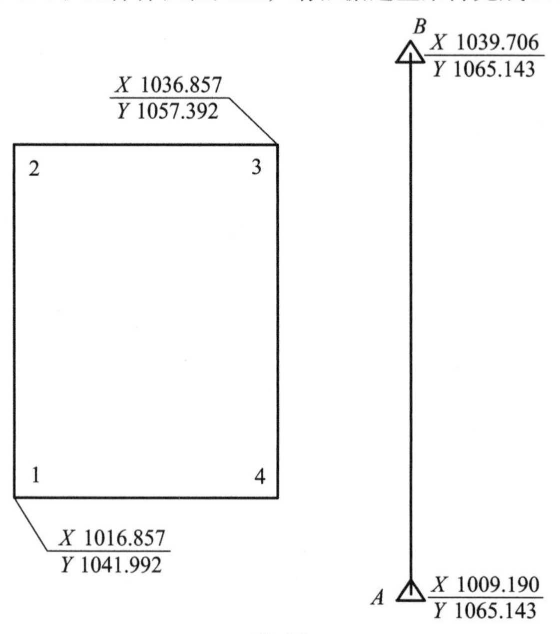

图 12

① 请计算出 2 点坐标。

$X=$ ____________ $Y=$ ____________

② 请计算出 4 点坐标。

$X=$ ____________ $Y=$ ____________

③ 请计算出 1 点与 2 点间尺寸

$D_{12}=$ ____________

④ 请计算出 1 点与 4 点间尺寸

$D_{14}=$ ____________

⑤ 假如提供的仪器和工具是电子经纬仪和钢尺，而且仪器架设在 A 点，请叙述测设建筑物 1、2、3、4 点的过程和检核方法。

（3）如图 13 所示，A、B 是地面上已经标定的两个已知点，P 点是 AB 直线外任意一点，现要求在现场过 P 点做垂直于 AB 的直线，并在现场地面上精确地标定出来，请叙述测设方法。（提供的仪器和工具是经纬仪和标杆）

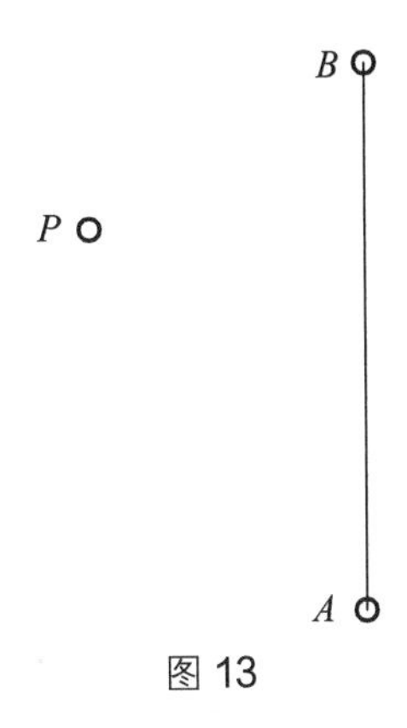

图 13

（4）某建筑物的室内地坪设计高程为 45.000 m，附近有一水准点 BM_3，其高程为 $H_{BM3}=44.531$ m。现在要求把该建筑物的室内地坪高程测设到木桩 A 上，作为施工时控制高程的依据。请叙述整个测设过程。（假设后视读数 a 为 1.556 m）

（5）测设点位的平面位置有哪些方法，试描述每种方法的工作原理。

（6）设 A 点高程为 15.123 m，欲测设设计高程为 16.000 m 的 B 点，水准仪安置在 A、B 两点之间，读得 A 尺读数 $a = 2.340$ m，B 尺读数 b 为多少时，才能使尺底高程为 B 点高程。

配套习题 7　数字化地形图测绘及应用

1. 名词解释

等高线
比例尺
比例尺精度
等高线平距
等高距
坡度
地物
地貌

2. 填空题

（1）能表示地物的平面位置和地貌起伏情况的图为____________。
（2）地图上 0.1 mm 所代表的实地距离称为____________。
（3）现量得 M、N 两点相距 281 m，在 1∶5 000 的地形图上距离为____________mm。
（4）数字测图软件计算土方的方法有____________、____________、____________和____________。
（5）基本等高距绘制的等高线称为____________。等高线分为____________、____________、____________、____________四种。
（6）等高线应与山脊线及山谷线____________。
（7）绘制地形图时，地物符号分____________、____________和____________。
（8）测图比例尺越大，表示地表现状越____________。
（9）典型地貌有____________、____________、____________、____________与____________。
（10）野外数字测图法有____________与____________。

3. 简答题

（1）等高线有何特征？

（2）试说明全野外数字测图的作业流程。

（3）请简述地面数字测图的两大作业模式。

（4）简述数字地形图在工程建设中的应用。

（5）论述大比例尺地面数字测图的成图过程。

配套习题 8　民用建筑施工测量

（1）试阐述施工控制网的分类?

（2）建筑施工场地中，平面控制网的布设形式有哪几种?

（3）试阐述施工控制网的特点。

（4）建筑基线有哪些常见的布设形式？并绘图说明。

（5）试描述高程建筑施工测量的特点。

（6）常见的土方计算方法有哪些?

（7）高层建筑物轴线竖向投测有哪几种方法，它们各有什么优缺点?

配套习题 9　工业建筑施工测量

（1）工业建筑中厂房控制网布设的形状为____________。

（2）布置在厂房控制网的四个角点叫__________。

（3）当基坑将要挖到离设计高程 0.3 ~ 0.5 m 时设置的作为基坑修坡和清底高程依据的是__________。

（4）柱子安装测量中，钢柱 ± 0 标高检查，测量限差为__________mm。

（5）工业建筑的定位放线精度要求比民用建筑的定位放线__________。

（6）图 14 为工业建筑矩形控制网的测设布置图，根据图示，1 所表示的是__________，2 所表示的是__________，3 所代表的是__________，P、Q、R、S 为__________。

图 14

（7）图 15 为经纬仪校正柱子垂直度的图，1 为_________，2 为_________，3 为_________，4 为__________。

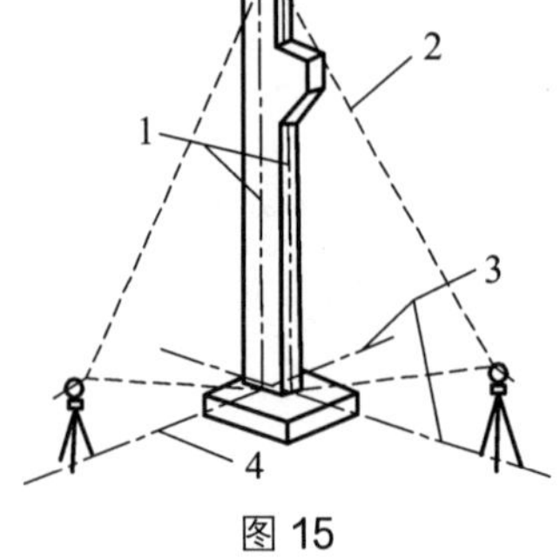

图 15

配套习题 10　道路工程测量

1. 名词解释

中线测量
里程桩
转点
交点

2. 简答题

（1）某圆曲线路线偏角为 17°20′40″，交点 JD 的里程为 K5 + 638.792，圆曲线半径 $R = 1000$ m，试求：① 圆曲线元素；② 主点里程桩号。

（2）测得一条线路的转角 $\alpha_{右} = 16°00'00''$，圆曲线半径 $R = 1500$ m，求圆曲线要素？

（3）道路纵横断面测量各有什么作用？

（4）计算题

已知交点里程为 K3 + 182.76，转角 $\Delta_R = 25°48'$ ，圆曲线半径 $R = 300$ m，试计算曲线测设元素与主点里程。

（5）完成表 66 的中平测量计算。

表 66　中平测量计算

测站	点号	水准尺读数/m			仪器视线高程/m	高程/m	备注
		后视	中视	前视			
1	BM2	1.426				506.704	
	K4 + 980		0.87				
	K5 + 000		1.56				
	+ 020		4.25				
	+ 040		1.62				
	+ 060		2.30				
	*ZD*1			2.402			
2	*ZD*1	0.876					
	+ 080		2.42				
	+ 092.4		1.87				
	+ 100		0.32				
	*ZD*2			2.004			
3	*ZD*2	1.286					
	+ 120		3.15				
	+ 140		3.04				
	+ 160		0.94				
	+ 180		1.88				
	+ 200		2.01				
	*ZD*3			2.186			

3. 选择题

（1）某二级公路处于平原地区，其中一交点 JD 的里程为 K8 + 588.46，转角 $\alpha = 38°16'$，圆曲线半径 200 m。试回答下列问题：

① 在路线测设时，应先定出路线的交点，该公路可用放点穿线法或拨角放线法测设交点。（　　）

A. 正确　　B. 错误

② 该公路的交点桩应选用断面不小于 5 cm × 5 cm、长度不小于 30 cm 的木桩设置。（　　）

A. 正确　　A. 错误

③ 该公路曲线段中桩间距宜为（　　）m。

A. 5　　B. 10

C. 20　　D. 50

④ 某里程桩的侧面桩号书写成 K12 + 200 = K12 + 170，长 30 m。表示该里程桩是（　　）。

A. 曲线桩　　B. 加桩

C. 百米桩　　D. 断链桩

⑤ 目前公路中线测量中一般均采用整桩号法，则该公路圆曲线 ZY 点的里程桩号为（　　）。

A. K8 + 519.07　　B. K8 + 533.36

C. K8 + 546.07　　D. K8 + 559.07

⑥ 下列属于里程加桩有（　　）。

A. 地形加桩　　B. 地物加桩

C. 百米加桩　　D. 曲线加桩

E. 断链加桩

（2）圆曲线详细测设就是沿圆曲线按一定密度设置曲线桩，即每隔一定距离增设一点，从而在施工中按增设的点能较好地做出一定半径的圆弧曲线。请根据图 16 回答下列圆曲线详细测设相关问题。

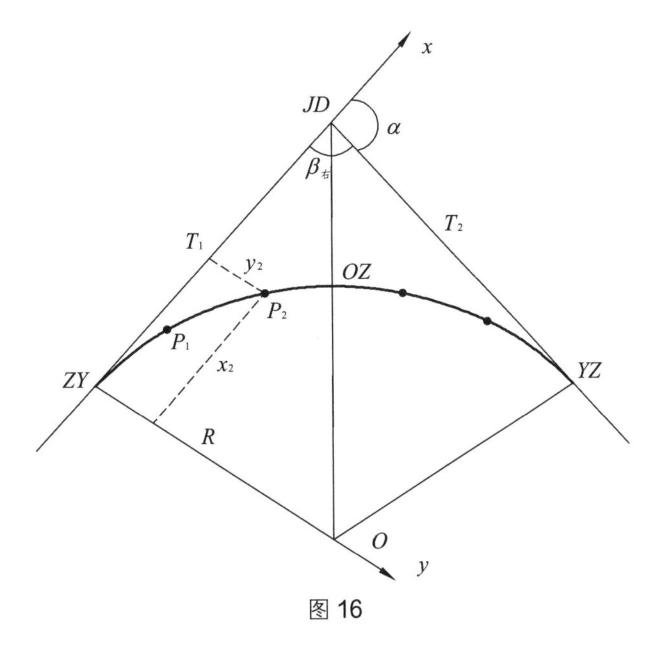

图 16

① 圆曲线的详细测设一般在主点测设之前。(　　)

A. 正确　　B. 错误

② 上图中转角$\beta_{右}$小于 180°，则 α 为左转向角。(　　)

A. 正确　　B. 错误

③ 偏角法是圆曲线详细测设的方法之一，它的本质是一种（　　）定点的方法。

A. 直角坐标　　B. 角度交会

C. 极坐标　　D. 距离交会

④ 切线支距法是圆曲线详细测设的方法之一，它的本质是一种（　　）定点的方法。

A. 直角坐标　　B. 角度交会

C. 极坐标　　D. 距离交会

⑤ 已知直圆点里程为 K7 + 418.68，P_2点里程为 K7 + 458.68，R = 240 m，曲线长为 111.70 m，则 x_2，y_2的值为（　　）。

A. 19.98，0.83　　B. 30.10，1.90

C. 39.82，3.32　　D. 54.86，6.35

配套习题 11　桥梁施工测量

1. 名词解释

桥轴线
净跨径
桥墩
基础

2. 选择题

（1）桥梁施工的高程控制点在每岸至少埋设（　　）个。

A. 1　　B. 2

C. 3　　D. 4

（2）桥梁施工平面控制测量不包含（　　）。

A. GPS 网　　B. 三角形网

C. 水准网　　D. 导线网

（3）桥梁在采用 GPS 布设大桥平面控制网时，采用的是（　　）。

A. 静态相对定位　　B. 动态相对定位

C. 静态绝对定位　　D. 动态绝对定位

（4）桥梁施工控制网在布网时，点位不可以选在（　　）。

A. 在施工范围以外　　B. 施工范围以内

C. 不可以在位于土质松软的地区　　D. 不可以在位于淹没的地区

（5）桥梁施工控制三角网的边长与河宽有关，一般在（　　）倍河宽的范围内变动。

A. 0.5 ~ 1　　B. 0.5 ~ 1.5

C. 1　~ 1.5　　D. 1 ~ 2

（6）下列不属于桥梁施工测量的内容有（　　）。

A. 桥轴线测量　　B. 墩台中心位置的放样

C. 墩台纵横轴线放样　　D. 桥轴线纵横断面测设

（7）关于桥梁施工高程控制的水准点，以下各说法中正确的是（　　）。

A. 每岸至少埋设三个，并联测国家或城市水准点

B. 每岸至少埋设两个，并联测国家或城市水准点

C. 每岸至少埋设两个，可不联测国家水准点

D. 每岸至少埋设三个，可不联测国家水准点

3. 简答题

（1）按照受力特点来分，桥梁有哪些种类？

（2）举例说明跨河水准测量的实施。

配套习题 12　地下工程测量

1. 名词解释

贯通测量
横向贯通误差
贯通误差
联系测量

2. 简答题

（1）什么是地下工程?

（2）隧道洞外平面控制测量的方法有哪些?

（3）试描述三种常用的平面控制测量方法的优缺点?

（4）隧道高程控制测量工作一般采用什么方法完成?

（5）联系测量的目的和任务是什么？为什么要进行联系测量？

（6）简述两井定向过程？

（7）简述一井定向的原理与过程？

（8）简述隧道中线的测设方法？

（9）简述隧道腰线的测设方法？

第四部分

习题参考答案

参考答案 1　概述

（1）研究工程建设在设计、施工和管理阶段中所需要进行的测量工作的基本理论和方法的学科称为工程测量学。

（2）测绘地形图、把图纸上设计的建筑物标定到地面上、为工程建筑物施工过程中和竣工后所产生的各种变化而进行的变形测量。

（3）建筑工程测量是指工业建筑与民用建筑工程在勘测、设计、施工、竣工验收、运营管理过程中的测量工作。

建筑工程测量的基本任务是将图纸上设计的建筑物、构筑物的平面位置和高程，按照设计要求，以一定的精度测设到实地上，并据此施工。施工测量的主要任务分为测设和测定。

（4）大地测量学、工程测量学、摄影测量学与遥感、地图制图学、海洋测绘学。

参考答案 2　测量基础知识

1. 填空题

（1）大地水准面，铅垂线。

（2）测定，测设。

（3）测水平角，测水平距离，测高程。

（4）西南角。

（5）赤道平面。

（6）1985 国家高程基准，72.260 m。

（7）Y，X，顺时针。

（8）绝对高程 / 海拔 / 高程。

（9）高差。

（10）从整体到局部，由控制到碎部，步步检核。

（11）测量仪器，观测者，观测条件。

（12）偶然误差，系统误差。

（13）有界性。

（14）对称性。

（15）精度。

2. 简答题

（1）常用测量坐标系有大地坐标系、地心空间直角坐标系、高斯平面直角坐标系和平面直角坐标系。我国常用的大地坐标系有：1954 北京坐标系和 1980 西安坐标系和 CGCS 2000。

（2）也叫等角横切椭圆柱投影，设想用一个椭圆柱横套在参考椭球体的外面，使椭圆柱与参考椭球体的某一子午线相切，该子午线称为中央子午线，让椭圆柱的中心轴与赤道面重合，并通过椭球中心，并将中央子午线两侧一定经度范围内的点、线投影到椭球面上，然后沿着南北极的母线将椭圆柱面剪开，并将其展成一平面，即为高斯平面。

（3）地面点到大地水准面的铅锤距离称为该点的绝对高程；地面点到任一假定水准面的铅锤距离称为该点的相对高程；地面两点的高程之差称为高差。

（4）测量坐标系以南北方向为 x 轴，以北为正，东西方向为 y 轴，以东为正；同时测量坐标系的象限以顺时针编号。

（5）一定条件下，对某一量进行 n 次观测，各观测值真误差平方和的平均值的平方根，称为中误差。观测值中误差的绝对值与观测值之比称为相对误差。

（6）7.9.5 mm。

参考答案 3　高程测量

1. 填空题

（1）水准测量，三角高程测量，GPS 高程测量，气压高程测量。

（2）传递高程。

（3）-16.551 m。

（4）低。

（5）附合水准路线

（6）$\sum h_i$ 或（$H_{终}-H_{始}$）。

（7）$\sum h_i$ 或（$H_{终}-H_{始}$）。

（8）3 mm。

（9）302.033 m。

（10）附合水准路线，闭合水准路线，支水准路线。

2. 简答题

（1）测量望远镜、水准器、基座。

测量望远镜用来瞄准远处的目标和读数；

水准器是用来整平仪器、显示视准轴是否水平，同时供操作人员判断水准仪是否置平的重要部件，分为管水准器和圆水准器两种。

基座的作用是支撑仪器的上部，并通过连接螺旋将仪器与三脚架相连。基座由轴座、脚螺旋、底板和三角形压板组成。

（2）当望远镜物镜成像与十字丝分划板不重合时，就会产生视差。消除视差的方法是反复调焦，包括物镜和目镜的焦距，直至眼睛上下少量移动时读数不变为止。

（3）需要。

（4）略。

（5）双仪高法，双面尺法，作用略。

（6）高差为 − 1.400 m，*A* 点更高，*B* 点高程为 198.832 m，视线高为 201.355 m。

（7）*i* 角误差、大气折光及地球曲率影响等。

（8）圆水准器轴平行与仪器竖轴，十字丝的中丝垂直于仪器的竖轴。

（9）答案见表 67。

表 67　闭合水准线路观测成果

点号	距离/km	实测高差/m	改正数/mm	改正后高差/m	高程/m
BM*A*					245.515
	1.2	2.224	− 6	2.218	
1					247.733
	2.5	1.424	− 12	1.412	
2					249.145
	1.5	− 1.787	− 7	− 1.794	
3					247.351
	1	− 1.714	− 4	− 1.718	
4					245.633
	2	− 0.108	− 10	− 0.118	
BM*A*					245.515
Σ	8.2	+ 0.039	− 39	0	

（11）答案见表 68。

表 68　等测量的内业表格

点号	距离/km	测站数	实测高差/m	改正数/mm	改正后高差/m	高程/m	点号	备注
1	2	3	4	5	6	7	8	9
BM*A*						65.376	BM*A*	
	1.2	8	1.575	− 13	1.562			
1						66.938	1	
	1.2	12	2.036	− 13	2.023			
2						68.961	2	
	1.4	14	− 1.742	− 16	− 1.756			
3						67.203	3	
	2.2	16	1.446	− 26	1.420			
BM*B*						68.623	BM*B*	
Σ	6	50	3.315	− 68	3.247			
辅助计算	$f_h = \sum h_m - (H_B - H_A) = 3.315\ \text{m} - (68.623\ \text{m} - 65.376\ \text{m}) = +0.068\ \text{m} = +68\ \text{mm}$ $f_{h容} = \pm 40\sqrt{L} = \pm 40\sqrt{5.8\ \text{km}} = \pm 96\ mm$　　$\lvert f_h \rvert < \lvert f_{h容} \rvert$							

（12）答案见表 69。

<table>
<caption>表 69　某三四等水准测量的观测记录</caption>
<tr><th rowspan="4">测站编号</th><th rowspan="4">点号</th><th rowspan="2">后尺</th><th>上丝</th><th rowspan="2">前尺</th><th>上丝</th><th rowspan="4">方向及尺号</th><th colspan="2">水准尺读数</th><th rowspan="4">K＋黑－红 /mm</th><th rowspan="4">高差中数 /m</th></tr>
<tr><th>下丝</th><th>下丝</th><th rowspan="3">黑面</th><th rowspan="3">红面</th></tr>
<tr><th colspan="2">后距</th><th colspan="2">前距</th></tr>
<tr><th colspan="2">视距差</th><th colspan="2">累积差</th></tr>
<tr><td rowspan="4">1</td><td rowspan="4">A_1—TP_1</td><td colspan="2">1.638</td><td colspan="2">1.606</td><td>后 1</td><td>1.542</td><td>6.229</td><td>0</td><td rowspan="4">0.029</td></tr>
<tr><td colspan="2">1.451</td><td colspan="2">1.418</td><td>前 2</td><td>1.513</td><td>6.3</td><td>0</td></tr>
<tr><td colspan="2">18.7</td><td colspan="2">18.8</td><td>后－前</td><td>0.029</td><td>－0.071</td><td>0</td></tr>
<tr><td colspan="2">－0.1</td><td colspan="2">－0.1</td><td colspan="4"></td></tr>
<tr><td rowspan="4">2</td><td rowspan="4">TP_1—TP_2</td><td colspan="2">1.648</td><td colspan="2">1.594</td><td>后 2</td><td>1.577</td><td>6.365</td><td>－1</td><td rowspan="4">0.0535</td></tr>
<tr><td colspan="2">1.504</td><td colspan="2">1.453</td><td>前 1</td><td>1.523</td><td>6.212</td><td>－2</td></tr>
<tr><td colspan="2">14.4</td><td colspan="2">14.1</td><td>后－前</td><td>0.054</td><td>0.153</td><td>1</td></tr>
<tr><td colspan="2">0.3</td><td colspan="2">0.2</td><td colspan="4"></td></tr>
<tr><td rowspan="4">3</td><td rowspan="4">TP_2—TP_3</td><td colspan="2">1.619</td><td colspan="2">1.583</td><td>后 1</td><td>1.538</td><td>6.224</td><td>1</td><td rowspan="4">0.0365</td></tr>
<tr><td colspan="2">1.455</td><td colspan="2">1.417</td><td>前 2</td><td>1.5</td><td>6.289</td><td>－2</td></tr>
<tr><td colspan="2">16.4</td><td colspan="2">16.6</td><td>后－前</td><td>0.038</td><td>-0.065</td><td>3</td></tr>
<tr><td colspan="2">－0.2</td><td colspan="2">0.0</td><td colspan="4"></td></tr>
<tr><td rowspan="5">计算检核</td><td colspan="5">后视距之和：49.5</td><td colspan="5">所有后视读数之和：4.657</td></tr>
<tr><td colspan="5">前视距之和：49.5</td><td colspan="5">所有前视读数之和：4.536</td></tr>
<tr><td colspan="5">视距累积差：－0</td><td colspan="5">所有黑面高差之和：0.121</td></tr>
<tr><td colspan="5">测站总数：3</td><td colspan="5">所有红面高差之和：0.017</td></tr>
<tr><td colspan="5">视距总和：99</td><td colspan="5">所有高差中数之和：0.119</td></tr>
</table>

（13）$D = 100l\cos^2(90 - L) = 100 \times 0.586 \times [\cos（90 - 93°28'）]2 = 58.386$ m

$h = D\tan(90 - L) + i - v = 58.386 \times \tan（-3°28'）+ 1.45 - 2.56 = -4.647$ m

参考答案 4　点平面位置的确定

1. 填空题

（1）真子午线方向、磁子午线方向、坐标纵轴方向，真方位角、磁方位角、坐标方位角。

（2）180°。

（3）南西 12°，12°。

（4）坐标纵轴北。

（5）4。

（6）102.630。

（7）水平角，竖直角。

（8）甲。

（9）测回法，方向观测。

（10）目标偏心。

2. 简答题

（1）由已知边长和该边坐标方位角求未知点坐标叫坐标正算，由两个已知点坐标，求其坐标方位角和边长坐标反算。

（2）边长为 150 m，方位角为 53°07′48″。

（3）$\alpha_{NM}=271°18'14''$，$\alpha_{NP}=355°44'38''$

（4）可抵消视准轴误差、横轴误差、度盘偏心误差，不能。

（5）当水准管气泡居中，且望远镜视线水平时，竖盘读数不为整读数（90°或 270°），而是与整读数相差一个小角度 x，称为竖盘指标差。盘左、盘右所测竖直角取平均，可抵消指标差对竖直角的影响。

（6）粗略对中、粗略整平、精确对中、精确整平、瞄准、读数。

（7）1/1926

（8）答案见表 70。

表 70　水平角计算表

测站	竖盘位置	测点	水平度盘读数	半测回角值	一测回角值	各测回平均值
O	左	A	00°00′00″	67°54′36″	67°54′33″	67°54′36″
		B	67°54′36″			
	右	A	180°00′40″	67°54′30″		
		B	247°55′10″			
	左	A	90°00′30″	67°54′36″	67°54′38″	
		B	157°55′06″			
	右	A	270°00′36″	67°54′40″		
		B	337°55′16″			

（9）答案见表 71。

表 71　全圆方向观测记录表

测站	目标	水平度盘读数		2C=L−R±180° /(″)	平均读数=(L+R±180°)/2 /(° ′ ″)	归零后方向值 /(° ′ ″)
		盘左 L /(° ′ ″)	盘右 R /(° ′ ″)			
O					(00 00 20)	
	A	00 00 22	180 00 18	+4	00 00 20	00 00 00
	B	60 11 16	240 11 09	+7	60 11 12	60 10 52
	C	131 49 38	311 49 21	+17	131 49 30	131 49 10
	D	167 34 38	347 34 06	+32	167 34 22	167 34 02
	A	00 00 27	180 00 13	+14	00 00 20	

(10)答案见表 72。

表 72　竖直角计算表

测站	目标	竖盘位置	竖直度盘读数	指标差/(″)	半测回竖直角	一测回竖直角	备注
O	A	左	95°23′00″	−9	−5°23′00″	−5°23′09″	盘左时竖直度盘显示为 90°
		右	264°36′42″		−5°23′18″		
	B	左	81°12′40″	−13	+8°47′20″	+8°47′07″	
		右	278°46′54″		+8°46′54″		

(11)答案见表 73。

表 73　控制点记录表

点名	X/m	Y/m	方向	方位角(° ′ ″)	平距/m
A	3189.126	2102.567			
B	3185.165	2126.704	A—B	99 19 10	24.460
P	3200.506	2124.304	A—P	62 21 59	24.536

参考答案 5　平面控制测量

1. 填空题

(1)平面控制测量，高程控制测量。
(2)闭合导线，附合导线，支导线。
(3)测角，量边。
(4)闭合导线。

（5）$\sum\beta_{i}-(n-2)180°$。

（6）0.027 m。

（7）$H_{终}-H_{始}$。

（8）距离交会，前方交会，后方交会，侧方交会。

2. 简答题

（1）闭合导线、附合导线和支导线。

实地选点时应注意下列几点：

① 相邻点间通视良好，地势较平坦，便于测角和量距。

② 点位应选在土质坚实处，便于保存标志和安置仪器。

③ 视野开阔，便于施测碎部。

④ 导线各边的长度应大致相等。

⑤ 导线点应有足够的密度，分布较均匀，便于控制整个测区。

（2）P（489.382，870.541）

（3）计算方位角闭合差 f_β，$f_\beta<f_{\beta限}$ 时，反号平均分配 f_β；

推算导线边的方位角，计算导线边的坐标增量 Δx，Δy，计算坐标增量闭合差 f_x，f_y，

计算全长相对闭合差 $K=\dfrac{\sqrt{f_x^2+f_y^2}}{\sum D}$，式中 $\sum D$ 为导线各边长之和，如果 $K<K_{限}$，按边长比例分配 f_x，f_y。

计算改正后的导线边的坐标增量，推算未知点的平面坐标。

（4）~（7）略。

参考答案 6　施工测设的基本工作

1. 名词解释

测定：使用测量仪器和工具，通过测量与计算将地物和地貌的位置按一定比例尺、规定的符号缩小绘制成地形图，供科学研究与工程建设规划设计使用。

测设：将在地形图上设计建筑物和构筑物的位置在实地标定出来，作为施工的依据。

2. 简答题

（1）0.025 m。

（2）① 1036.857，1041.992。

② 1016.857，1057.392。

③ 20 m。

④ 15.4 m。

⑤ 略。

（3）将经纬仪安置在 A 点（或 B 点）对中整平，标杆立在 P 点和 B 点，用测回法测出 $\angle PAB$，再将仪器架设在 P 点对中整平，后视 A 点将水平读数归零，顺时针旋转仪器，当水平读数显示为 $90° - \angle PAB$ 时，将仪器照准部锁定，在仪器瞄准的方向上定出 D 点，PD 连线即为垂直于 AB 的直线。

同样将仪器架设在 B 点，也可完成该工作。

（4）① 前视读数 $b = 44.531 + 1.556 - 45 = 1.087$

② 调转水准仪望远镜照准 A 木桩上的水准尺，上下移动水准尺，使水准尺读数刚好为 1.087 m 时，在水准尺底部打上红色油漆记号，打好记号后复测一下，满足要求即可。

（5）直角坐标法、极坐标法、角度交会法、距离交会法、RTK 法和全站仪坐标放样法。工作原理略。

（6）1.463 m。

参考答案 7　数字化地形图测绘及应用

1. 名词解释

等高线：地图上地面高程相等的各相邻点所连成的闭合曲线。

比例尺：图上距离与所对应实地距离之比。

比例尺精度：图上 0.1 mm 所对应的实地水平距离。

等高线平距：相邻等高线之间的水平距离。

等高距：地图上相邻等高线的高程差。

坡度：高差与水平距离之比。

地物：地面上天然或人工形成的物体，它包括湖泊、河流、房屋、道路、桥梁等。

地貌：地表高低起伏的形态，它包括山地、丘陵与平原等。

2. 填空题

（1）地形图。

（2）比例尺精度。

（3）56.2。

（4）DTM 法，断面法，方格网法，高等线法。

（5）首曲线，首曲线，计曲线，间曲线，助曲线。

（6）垂直。

（7）比例符号，非比例符号，半比例符号。

（8）详细。

（9）山头与洼地，山脊与山谷，鞍部，陡崖，悬崖。

（10）电子平板法，草图法。

3. 简答题

（1）同一条等高线上各点的高程相等。② 等高线是闭合曲线，不能中断（间曲线除外），如果不在同一幅图内闭合，则必定在相邻的其他图幅内闭合。③ 等高线只有在陡崖或悬崖处才会重合或相交。④ 等高线经过山脊或山谷时改变方向，因此山脊线与山谷线应和改变方向处的等高线的切线垂直相交。⑤ 在同一幅地形图内，基本等高距是相同的，因此，等高线平距大表示地面坡度小；等高线平距小则表示地面坡度大；平距相等则坡度相同。倾斜平面的等高线是一组间距相等且平行的直线。

（2）前期准备，数据采集，数据处理，图形输出。

（3）数字测记模式（测记式），用全站仪在野外测量地形特征点的点位，用电子手簿记录点位的几何信息及其属性信息，或配合草图到室内将测量数据传输到计算机，经人机交互编辑成图。

电子平板测绘模式，就是“全站仪 + 便携机 + 相应测图软件”，实施外业测图的模式。此模式利用便携机的屏幕模拟测板在野外直接测图，及时发现并纠正测量错误，外业工作完成，图也就出来了，实现了内外业一体化。

（4）几何量算、土石方量计算、绘制断面图、计算面积等。

（5）① 测图前的准备工作：包括图根控制测量、仪器器材准备、测区划分、人员配备等；

② 全站仪野外碎部点数据采集；

③ 室内 CASS 软件绘制成图；

④ 数据传输。

参考答案 8　民用建筑施工测量

（1）施工平面控制网和施工高程控制网

（2）三角网、导线网（导线）、建筑方格网和建筑基线 4 种形式。

三角网又分为测角网、测边网、边角网，对于地势起伏较大，通视条件较好的施工场地，可采用三角网；导线网（导线），对于地势平坦，通视又比较困难的施工场地，可采用导线网；对于建筑物多为矩形且布置比较规则和密集的大中型施工场地，可采用建筑方格网；对于地势平坦且又简单的小型施工场地，可采用建筑基线。

（3）① 控制点的密度大，精度要求较高，使用频繁，受施工的干扰多，这就要求控制点的位置应分布恰当，方便使用；并且在施工期间保证控制点尽量不被破坏。

② 在施工控制测量中，局部控制网的精度往往比整体控制网的精度高。

（4）一字形，L 形，T 字形，十字形。

（5）① 高层建筑施工测量应在开工前，制定合理的施测方案，选用合适的仪器设备，制定严密的施工组织和人员分工，并经有关专家论证和上级有关部门审批后方可实施。

② 高层建筑施工测量的主要问题是控制竖向偏差（垂直度），因此施工测量中要求轴线的竖向投测精度高，应结合施工现场条件、施工方法及建筑结构类型选用合适的投测方法。

③ 高层建筑施工放线和抄平精度要求高；

④ 高层建筑施工由于工程量大，工期较长且分期施工，不仅要求有足够的精度与足够密度

的施工控制网（点），而且还要求这些控制点稳固，能尽可能保存到工程竣工，有些还应能在工程移交后继续使用。

⑤ 高层建筑施工项目多，又为立体交叉作业，且受天气变化、建筑材料的材质、不同的施工方法等影响，使施工测量受到的干扰大，故施工测量必须精心组织、充分准备，快、准、稳地配合各个工序的施工。

⑥ 高层建筑一般基础基坑深，自身荷载大，建设周期长，为了保证施工期间周围环境与建筑物自身的安全，应按照国家有关规范要求，在施工期间进行相应项目的变形观测。

（6）方格网法、三角网法、断面法。

（7）内控法和外控法。优缺点略。

参考答案 9　工业建筑施工测量

（1）矩形。

（2）厂房控制桩。

（3）水平桩。

（4）±2。

（5）高。

（6）建筑方格网，矩形控制网，轴线控制桩，厂房控制桩。

（7）柱中心线，经纬仪视线，杯形基础顶面，柱基轴线。

参考答案 10　道路工程测量

1. 名词解释

中线测量：把线路工程的中心线（中线）标定在地面上，并测出其里程的工作。

里程柜：又称中桩，表示该桩至路线起点的水平距离。

转点：当相邻两交点互不通视时，为测角和量距需要，应在其连线或延长线上测定一点或数点，称为转点（其作用主要是传递方向）。

交点：道路中心直线方向发生转折的点，是确定线路走向的关键点。

2. 简答题

（1）$T = 152.525$

$L = 302.718$

$E = 11.565$

$D = 2.333$

K（ZY）= K5 + 486.267

K（QZ）= K5 + 637.625

K（YZ）= K5 + 788.984

（2）切线长 $T = R\tan（\alpha_{右}/2）= 210.811$ m

曲线长 $L = R\alpha_{右}\pi/180 = 418.879$ m

外距 $E = R（\sec\alpha_{右}/2 - 1）= 14.741$ m

切曲差 $D = 2T - L = 2.743$ m

（3）略。

（4）曲线测设元素

$T = R\tan(\Delta/2) = 68.709$ m

$$L = R\Delta\frac{\pi}{180} = 135.088 \text{ m}$$

$$E = R\left(\sec\frac{\Delta}{2} - 1\right) = 7.768 \text{ m}$$

$J = 2T - L = 2.33$ m

主点里程

$ZY = 3182.76 - 68.709 = 3114.051$ m = K3 + 114.051

$QZ = 3114.051 + 135.088/2 = 3181.595$ m = K3 + 181.595

$YZ = 3114.051 + 135.088 = 3249.139$ m = K3 + 249.139

（5）答案见表 74。

表 74

测站	点号	水准尺读数/m			仪器视线高程/m	高程/m	备注
		后视	中视	前视			
1	BM2	1.426			508.13	506.704	
	K4 + 980		0.87			507.26	
	K5 + 000		1.56			506.57	
	+ 020		4.25			503.88	
	+ 040		1.62			506.51	
	+ 060		2.30			505.83	
	ZD1			2.402		505.728	
2	ZD1	0.876			506.604	505.728	
	+ 080		2.42			504.18	
	+ 092.4		1.87			504.73	
	+ 100		0.32			506.28	
	ZD2			2.004		504.600	
3	ZD2	1.286			505.886	504.600	
	+ 120		3.15			502.74	
	+ 140		3.04			502.85	
	+ 160		0.94			504.95	
	+ 180		1.88			504.01	
	+ 200		2.01			503.88	
	ZD3			2.186		503.700	

3. 选择题

（1）①~⑤：AACDA　　⑥ ABDE
（2）①~⑤：BBCAC

参考答案 11　桥梁施工测量

1. 名词解释

桥轴线：桥梁的中心线称为桥轴线。
净跨距：设计洪水位上两相邻桥墩（或桥台）之间的净距。
桥墩：设于河中或岸边，用于支撑桥跨结构。
基础：设于桥墩、桥台底部，将经桥墩、桥台传下的荷载传至地基。

2. 选择题

（1）~（7）CCABBDA

3. 简答题

（1）按照受力特点来分，桥梁可分为梁式、拱式、刚架桥、悬索桥及组合体系桥。
（2）略。

参考答案 12　地下工程测量

1. 名词解释

贯通测量：为了使两个或多个掘进工作面，按其设计要求在预定地点正确接通而进行的测量工作。
横向贯通误差：贯通误差垂直于中线方向的投影长度。

贯通误差：在隧道施工中，由于地面控制测量，联系测量、联系测量、地下控制测量以及细部放样的错误，使得两个相向开挖的工作面的施工中线不能理想地衔接，产生错开现象，即所谓贯通误差。

联系测量：将地面的平面坐标系和高程系统传递到地下，使地上和地下能采用同一个坐标系进行测量工作。

2. 简答题

（1）地下工程是指埋在地面以下，为开发和利用地下空间资源而建造的地下土木工程，包括铁路隧道、道路隧道、城市地下铁道、地下防空建筑群、矿山隧道、水工隧洞、航运隧道、舰艇掩蔽隧洞、飞机掩蔽隧洞、地下油库、地下仓库、地下工厂等。

（2）GPS 法、精密导线法、三角形网法。

（3）GPS：定位精度高，观测时间短，测站间无需通视，可提供三维坐标，操作简便，全天候作业，功能多，应用广。

精密导线法：布网自由，灵活，适应性好，工作量小，内也相对简单。

三角型网法：控制精度最高，但布设受地形，地物条件限制。

（4）水准测量。

（5）① 目的是将地面的平面坐标系统和高程系统传递到地下，使地上和地下能采用同一个坐标进行测量工作。

② 任务：确定地下导线起算边的坐标方位角；确定地下导线起算点的平面坐标 X 和 Y；确定地下水准点的高程。

③ 要实现地上地下的测量坐标系统的一致，需要采用适当的方法地面上的测量坐标系统传递到地下，作为地下隧道测量的起算数据。

（6）投点—地面连接测量—地下连接测量—数据处理。

（7）原理：一井定向是指通过一个竖井进行定向的方法，也可称为联系三角形定向。一井定向的方法是通过测量角度、距离等几何测量来完成定向的，属于定向几何方法。这种方法需要在竖井、车站或投点孔等处进行。

过程：进行一井定向时，在竖井井筒中悬挂两根钢丝垂球，在地面上利用地面控制点测定两垂球线的地面坐标及其连线方位角，在井下使用全站仪测角量边，把垂球线与井下起始控制点连接起来，通过计算确定井下起始控制点的坐标和方位角。一井定向测量工作可分为投点和连接测量两项工作。

（8）① 隧道开切点与初始掘进方向测设；

② 直线隧道中线测设与曲线隧道中线测设；

③ 隧道中线平行侧移的计算与测设。

（9）① 倾斜隧道腰线的测设；

② 水平隧道腰线的测设；

③ 水平隧道与倾斜隧道连接处腰线的测设。